海水酸化对海胆的影响

湛垚垚　等　著

科学出版社
北京

内 容 简 介

本书聚焦于由二氧化碳过量排放而引起的海水酸化问题，在著者查阅国内外文献资料的基础上，结合著者近年来开展的相关科学研究和教学工作，以我国北方海域的代表性海胆种类为对象，首次系统地总结了海水酸化的研究方法与技术，以及海水酸化对海胆早期发育、生物矿化作用和成体代谢等方面的影响，进一步丰富了海水酸化对海洋生物及海洋渔业资源影响的基础数据，为系统全面地掌握海水酸化对海洋生态乃至食物链的深刻影响提供更多数据和线索。本书是系统性论述海水酸化对海胆影响的专著，对读者了解和学习海水酸化对海洋棘皮类动物的影响有重要参考价值。

本书可作为科研院所和高等院校从事海洋生态、海洋生物多样性和海洋棘皮类动物等相关研究人员的参考书籍，也可为研究海水酸化对海洋生态乃至食物链的影响提供理论和技术支持。

图书在版编目（CIP）数据

海水酸化对海胆的影响 / 湛垚垚等著. —北京：科学出版社，2020.11

ISBN 978-7-03-066684-0

Ⅰ. ①海… Ⅱ. ①湛… Ⅲ. ①海水－水体酸化－影响－海胆纲－研究 Ⅳ. ① S968.9

中国版本图书馆CIP数据核字（2020）第215309号

责任编辑：王玉时 / 责任校对：郑金红

责任印制：张 伟 / 封面设计：迷底书装

科 学 出 版 社 出版

北京东黄城根北街16号

邮政编码：100717

http://www.sciencep.com

北京捷迅佳彩印刷有限公司 印刷

科学出版社发行 各地新华书店经销

*

2020年11月第 一 版 开本：787×1092 1/16

2021年1月第二次印刷 印张：5 1/2

字数：130 416

定价：59.00元

（如有印装质量问题，我社负责调换）

《海水酸化对海胆的影响》

著者名单（以姓氏笔画为序）

尹文露　刘　丽　刘明泰　刘敏博　孙景贤
李莹莹　李家祥　赵谭军　胡婉彬　段立柱
黄显雅　崔东遥　湛垚垚

前　言

海水酸化是继温室效应之后又一由二氧化碳（CO_2）过量排放而引起的全球性海洋生态环境问题。据联合国政府间气候变化专门委员会（IPCC）发布的全球气候变化评估报告显示，自工业革命以来，海洋因吸收了过量人为排放的 CO_2 而呈现出一种表层海水平均 pH 逐年持续下降的趋势（即海水酸化），海洋正经历着 3 亿年来最快速的酸化，这一酸化速度甚至超过了 5500 万年前生物灭绝时的酸化速度。

海胆属于棘皮动物门（Echinodermata）游在亚门（Eleutherozoa）海胆纲（Echinoidea），全世界现存大约共有 850 种，其中经济种类 30 种。海胆不仅是经典的发育生物学模式生物，也是海洋浅海生物的代表性物种之一，在生态系统中占有举足轻重的地位。此外，由于海胆浮游幼体和成体具有骨针、棘、齿及壳等钙化结构，因此，海胆也是研究生物钙化作用的重要模式生物。近年来，国外利用实验室模拟以及野外定点监测方法研究海水酸化对海胆生长发育影响的基础性研究工作已广泛开展，而我国就海水酸化对海胆影响的研究尚处于起步阶段。目前，国内外关于海水酸化对海胆影响的理论与方法还没有专门的书籍进行比较系统的介绍，仅有一些研究性或综述性文献对该领域的研究成果进行了报道。

本书紧紧围绕海水酸化对海胆的影响这一核心内容，在著者查阅国内外文献资料的基础上，结合著者近年来开展的相关科学研究和教学工作，以我国北方海域的代表性海胆种类为对象，首次系统地总结了海水酸化的研究方法与技术，以及海水酸化对海胆早期发育、生物矿化作用和成体代谢等方面的影响，填补了海水酸化对海胆影响研究领域专业书籍出版的空白，进一步丰富了海水酸化对海洋生物及海洋渔业资源影响的基础数据，为系统全面地掌握海水酸化对海洋生态乃至食物链的深刻影响提供更多数据和线索。

本书内容分为前言及正文 5 章，具体分工如下：前言由湛垚垚撰写；第一章由湛垚垚、刘明泰、黄显雅撰写；第二章由湛垚垚、胡婉彬、孙景贤、赵谭军撰写；第三章由湛垚垚、刘丽、赵谭军撰写；第四章由湛垚垚、段立柱、李莹莹、刘丽、刘敏博撰写；第五章由湛垚垚、崔东遥、尹文露、李家祥撰写。湛垚垚负责全书的总体策划，湛垚垚、刘丽、李莹莹负责全书统稿。

本书中的研究内容得到了国家自然科学基金青年基金项目（41206128）、辽宁省自然科学基金项目（20170540104）、农业农村部北方海水增养殖重点实验室开放课题（2015-MSENC-KF-01）和农业农村部海洋渔业可持续发展重点实验室课题（2019HY-XKQ01）的资助。感谢大连海洋大学辽宁省一流学科（水产学科）对本书的资助；感谢大连海洋大学常亚青教授和辽宁省水产科学研究院周遵春研究员对本书提出宝贵建议；感谢科学出版社工作人员的辛苦工作。由于著者水平有限，书中难免存在不妥和疏漏之处，希望广大读者予以谅解，也欢迎广大读者不吝赐教、批评指正。

著　者

2020 年 7 月于大连

目　录

第一章 海水酸化概述

图表摘要（Graphical Abstract）

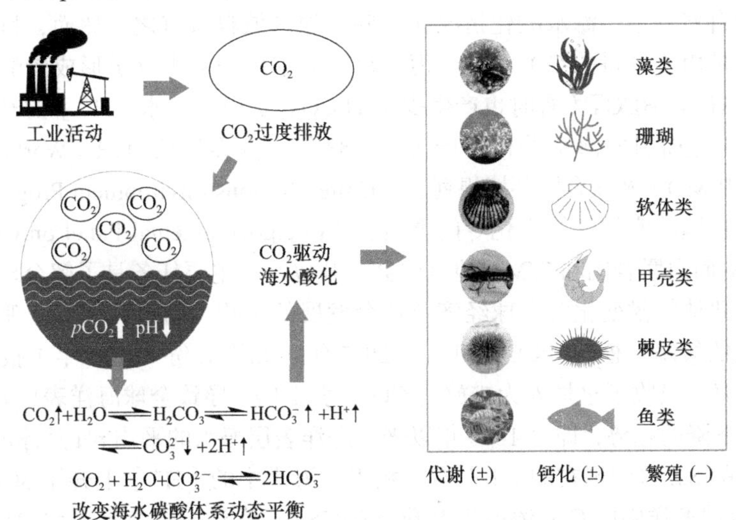

本章彩图请扫码

海洋占地球表面积的71%，是地球生态系统的重要组成部分，在气候调节、水循环和碳循环等方面发挥重要作用。工业革命以来，随着社会工业化程度的不断提高，煤、石油等化石燃料的大量燃烧以及耕地面积的肆意扩张，导致了地球大气中的二氧化碳（carbon dioxide，CO_2）气体的浓度逐年递增。据统计，每年由人类活动向地球大气层中释放的CO_2高达10亿吨之多，目前地球大气中的CO_2浓度已从工业革命前的280mg/L上升至现在的400mg/L，并且以每年超过2mg/L的速度递增。作为地球上CO_2气体的主要汇集场所和全球碳循环的重要枢纽，海洋每年吸收的CO_2数量非常巨大，占全球总CO_2排放量的三分之一以上。2003年，著名杂志《自然》（*Nature*）上首次出现了海洋酸化（ocean acidification）一词，随即，海洋酸化问题引起了世界各国学者的广泛关注。作为一种自然现象，海洋酸化情况在某些海洋区域自古有之，然而，现在对于海洋酸化的定义，则更多是指由于吸收了大气中过量的CO_2气体而导致海水逐渐变酸的现象，又称海水酸化（seawater acidification）。随着海水酸化所带来的生态问题的日渐凸显，海洋生物多样性、食物网甚至整个海洋生态系统都面临着前所未有的威胁和巨大挑战。

第一节　海水酸化对海洋碳酸体系的影响

作为地球上最大的气体交换场所，海洋通过与大气间持续的气体（主要是H_2O、CO_2和CH_4等）交换和环流输热等方式参与地球表面温度的调节。此外，作为大气CO_2的主要汇集场所，海洋可通过气——海界面CO_2的浓度差（即pCO_2）从大气中吸收或转移CO_2气体，穿过气——海界面的CO_2溶解于海水即形成海洋的碳酸体系（或称海洋的CO_2体系），可由海水中的碳酸根浓度（[CO_3^{2-}]）、碳酸氢根浓度（[HCO_3^-]）以及相应的碳酸盐饱和度的动态平衡来表示［式（1.1）、式（1.2）］。早期的海洋化学研究表明，海洋的碳酸体系是维持海水酸碱度（pH）稳定的主要因素，如果海洋碳酸体系的动态平衡遭到破坏，将对海洋生态系统、地球碳循环以及全球气候产生深远而复杂的影响。

$$CO_2+H_2O \rightleftharpoons H_2CO_3 \rightleftharpoons HCO_3^-+H^+ \rightleftharpoons CO_3^{2-}+2H^+ \quad (1.1)$$

$$CO_2+H_2O+CO_3^{2-} \rightleftharpoons 2HCO_3^- \quad (1.2)$$

作为一种自然现象，海水酸化情况在某些海洋区域自古有之，然而，目前全球范围内的海水酸化则是由于过量的 CO_2 溶解于海水后，与水体中的水分子形成碳酸（H_2CO_3），碳酸解离释放的 H^+ 和 HCO_3^-（有时也产生少量的 CO_3^{2-}）引起海水［H^+］的升高，导致了海水 pH 的下降，进而引发海水酸化的产生。1988 年，世界气象组织（World Meteorological Organization，WMO）及联合国环境规划署（United Nations Environment Programme，UNEP）联合成立了联合国政府间气候变化专门委员会（Intergovernmental Panel on Climate Change，IPCC），该机构面向联合国和 WMO 的全体会员开放，其主要任务是了解全球气候变化的现实状况，准确评估气候变化对全球经济及社会发展的影响，制定科学、合理和有效的应对全球气候变化的策略。根据 IPCC 第四份（2007 年）和第五份（2013 年）报告显示，自工业革命以来，海洋吸收了过量人为排放的 CO_2（表 1.1），导致全球海洋表层海水平均 pH 呈现出一种持续下降的趋势，即自 1880 年以来，海洋表层海水的平均 pH 从冰河时期的 8.3 下降到工业时期的 8.2 再到现在的 8.1 左右，相当于海水中的［H^+］上升了 30%，按此估算，到 2100 年，全球海洋中的 CO_2 浓度将上升至 0.075%，海洋表层海水平均 pH 将比现在下降 0.3～0.5 个单位，即从现在的 8.1 左右下降至 7.6 左右，海水中的［H^+］相当于现在海水中［H^+］的 3 倍。海洋正经历着 3 亿年来最快速的酸化，这一酸化速度甚至超过了 5500 万年前那场生物灭绝时的酸化速度。

表 1.1　海洋碳吸收　［单位（以碳计算）：Pg/a］

区域	1800 年	20 世纪 80 年代	20 世纪 90 年代	2000 年
全球	0.01	1.38	1.55	1.74
南半球	−0.38	0.46	0.57	0.69
北半球	0.39	0.92	0.98	1.05

资料来源：鲍颖等. 2012. 全球海洋碳循环三维数值模拟研究. 海洋学报。

海水酸化的直接结果是显著降低海水中碳酸盐（主要是 $CaCO_3$）的饱和度。方解石（calcite）和文石（aragonite）是 $CaCO_3$ 在海洋中存在的两种主要晶体类型，是珊瑚礁、钙化藻类颗石片层、甲壳类和部分软体类动物外壳以及棘皮动物内外骨骼结构的主要成分。海洋生物的钙化骨架或外壳之所以不会溶解，是因为海洋表层水中含有超饱和的 Ca^{2+} 和 CO_3^{2-}，而海水中的［Ca^{2+}］比较稳定（10mmol/L 左右），因此，海水中 $CaCO_3$ 的饱和度主要由［CO_3^{2-}］决定。当海水中的［CO_3^{2-}］不断下降时，$CaCO_3$ 就会以一定的速度溶解，从而影响那些具有钙化结构的海洋生物对于方解石和文石的利用，导致生物钙化作用（biological calcification）受阻，进而影响这些海洋生物的生理代谢乃至生存。据 2009 年的一项调查显示，北美西海岸沿岸海域海水中的文石结构受海水酸化的影响已经开始处于不断溶解的状态，模型预测这种海洋文石结构的溶蚀现象将在未来 10 年内蔓延至南大洋和北冰洋沿岸海域。此外，2011 年的《中国海洋环境质量公报》中也指出，我国海域海水（除某些 pH 极高或极低的局部近岸海域）最低 pH 为 7.8，比正常海水 pH（8.1 左右）低了约 0.3 个单位。

为了比较直观地掌握海水酸化对海水碳酸体系的影响，我们根据 IPCC 的报告，在实验室条件下，分别模拟了目前海水场景和 21 世纪末的海水酸化场景，设置了一个自然海水对照组（Control）和三个持续通入 CO_2 气体的酸化海水组（OA1 组：ΔpH=−0.3 个单位；OA2 组：ΔpH=−0.4 个单位；OA3 组：ΔpH=−0.5 个单位）。由表 1.2 可以看出，与自然海水组相比，过量 CO_2 气体的释放可导致海水中 pCO_2 的升高，而随着海水中 pCO_2 的不断升高，海水的 pH 也不断降低，其降低幅度总体为大气 CO_2 含量增加一倍，海水 pH 就会下降 0.25 个单位。此外，我们也发现，在温度一定的情况下，虽然过量 CO_2 气体的释放可导致海水 pH 的降低，但是，海水的总碱度和盐度却并未受到影响（表 1.3）。通过软件计算和统计分析，我们进一步发现，随着海水 pH 的降低和 pCO_2 的升高，海水中的［CO_3^{2-}］会大幅降低。如表 1.4 所示，与自然海水组相比，OA1、OA2、OA3 酸化组海水的［CO_3^{2-}］分别降低了 45.16%±2.12%（ΔpH=−0.3 个单位）、54.81%±1.73%（ΔpH=−0.4 个单位）和 64.45%±1.35%（ΔpH=−0.5 个单位），差异极为显著（$P<0.01$）。随着海水［CO_3^{2-}］的大幅下降，海水中的方解石饱和度（Ω_C）和文石饱和度（Ω_A）也随之降低，与自然海水组相比，OA1、OA2 和 OA3 酸化组方解石饱和度分别降低了 45.17%±2.03%（ΔpH=−0.3 个单位，$P<0.01$）、55.01%±1.44%（ΔpH=−0.4 个单位，$P<0.01$）和 64.45%±1.43%（ΔpH=−0.5 个单位，$P<0.01$），而文石饱和度则分别降低了 45.09%±2.01%（ΔpH=−0.3 个单位，$P<0.01$）、54.76%±1.68%（ΔpH=−0.4 个单位，$P<0.01$）和 64.43%±1.36%（ΔpH=−0.5 个单位，$P<0.01$）。

表 1.2　实验实测海水 pH 与理论估算海水 pH 的比较

项目	Control	OA1	OA2	OA3
pCO_2（kPa）	70.27±5.55	146.18±3.61	182.33±4.45	238.03±5.74
理论 pH	8.00±0.03	7.73±0.03	7.60±0.03	7.53±0.05
实测 pH	8.00±0.03	7.71±0.01	7.62±0.01	7.51±0.01

表 1.3　海水酸化对海水温度、盐度和总碱度的影响

项目	Control	OA1	OA2	OA3
pH	8.00±0.03	7.71±0.01	7.62±0.01	7.51±0.01
盐度（‰）	31.23±0.13	31.23±0.13	31.23±0.13	31.23±0.13
总碱度（mmol/L）	2.35±0.04	2.35±0.04	2.35±0.04	2.35±0.04
温度（℃）	20.06±0.12	20.06±0.12	20.06±0.12	20.06±0.12

表 1.4　海水酸化对海水碳酸盐体系的影响

项目	Control	OA1	OA2	OA3
pCO_2（kPa）	70.27±5.55	146.18±3.61**	182.33±4.45**	238.03±5.74**
［HCO_3^-］（μmol/L）	2039.96±18.60	2180.30±3.63**	2210.19±3.03**	2240.02±2.42**
［CO_3^{2-}］（μmol/L）	128.59±7.71	70.4±1.50**	58.02±1.26**	45.46±1.00**
方解石饱和度	3.16±0.19	1.73±0.04**	1.42±0.04**	1.12±0.02**
文石饱和度	2.04±0.12	1.12±0.03**	0.92±0.02**	0.72±0.02**

**$P<0.01$，与对照组相比差异极显著。

毋庸置疑，海水酸化对海水碳酸体系的影响是显著而复杂的。早在2008年，就有大批科学家指出，海水酸化的自然恢复至少需要数千年，遏制它的唯一有效途径就是尽快减少CO_2的全球排放量。2009年8月13日，超过150位全球顶尖海洋研究人员齐聚于摩纳哥并签署了《摩纳哥宣言》(*Monaco Declaration*)，对海水酸化严重伤害全球海洋生态系统一事表达关切，呼吁决策者将二氧化碳排放量稳定在安全范围内，以避免危险的气候变迁及海水酸化等问题。该宣言指出，海水pH的急剧变化，比过去自然改变的速度快上100倍，而海洋化学物质在近数十年的快速改变，已严重影响海洋生物、食物网、生态多样性及渔业等。倘若大气层的二氧化碳排放量持续增加，到2050年，珊瑚礁将无法在多数海域生存，因而导致商业渔业资源的永久改变，并威胁数百万人的粮食安全。

第二节　海水酸化对海洋生物的影响

海水pH是直观反映海水酸化进程的重要指标，也是海洋生态系统的关键环境因子。作为海洋生物赖以生存的媒介，海水pH的降低本身就是一种环境胁迫作用。许多研究证实，海水pH的改变对海洋生物的影响是多层次、多角度和全方位的。首先，许多海洋生物的体液pH会随着所处海水环境pH的降低而降低，从而破坏细胞原有的组织渗透压平衡，引起一些酸碱平衡调节能力较差的海洋生物的酸中毒（acidosis）。由于组织渗透压的改变，这些生物的细胞会产生损伤或破裂，进而导致生物体各组织的机能损伤甚至坏死。其次，随着海水中CO_2分压的不断增大，海水中的相对溶氧量也会逐渐降低。研究显示，海水pH每下降0.25个单位，海水中的溶氧量就会减少50%，这意味着，海水酸化会令很多海洋生物同时面临体内外酸碱度失衡和低溶氧胁迫的双重压力。在这种双重胁迫下，许多海洋生物的代谢、呼吸及耗氧会受到明显的影响。最后，海水pH的降低会破坏海水碳酸体系的动态平衡，使海水中的［CO_3^{2-}］降低，引起海洋中碳酸盐的不断溶解，导致部分海洋生物无法利用海水中的碳酸盐完成或维持其生理必需的生物钙化作用。

1. 海洋藻类（marine algae）　海洋藻类是海洋中重要的初级生产者，他们不仅可以通过光合作用固定二氧化碳参与海洋碳循环，其中一些种类还可以通过自身的生物钙化作用参与维持海洋碳酸体系的动态平衡。研究显示，海水酸化对海洋藻类的影响存在显著的种属特异性。比如，颗石藻（*Emiliania huxleyi*）的光合作用与固碳能力会因为海水酸化的作用而增强，但是，其生物钙化能力却会受到海水酸化的抑制。小珊瑚藻（*Corallina pilulifera*）的光合作用和生物钙化能力在海水酸化条件下均呈现降低趋势。硅藻（*Thalassiosira weissflogii*）在海水酸化条件下会出现细胞酸中毒现象。此外，三角褐指藻（*Phaeodactylum tricornutum*）、假微型海链藻（*Thalassiosira pseudonana*）和中肋骨条藻（*Skeletonema costatum*）对海水酸化的响应呈现一种光照强度依赖性，即这三种藻类的生长在低光照强度时受到海水酸化的促进，而在高光照强度时则受海水酸化的抑制。

2. 珊瑚虫（coral）　珊瑚虫的钙化结构——珊瑚礁（coral reef）是海洋中生产率最高的生态系统，也是许多经济海产栖息和“育儿”的主要场所，每年每公顷珊瑚礁为人类带来的经济价值有13万～120万美元。研究发现，不断增加的大气CO_2，不仅能够显著降低珊瑚的有效钙化累积，减缓珊瑚礁的形成进程，还会影响珊瑚的抗逆抗病能力，使珊瑚在面对白化、风暴等灾害时变得更加脆弱。调查显示，1990～2006年，大堡礁珊瑚的平均钙化率下降了 14%，我国南沙珊瑚礁生态系受海水酸化影响，平均钙化率自 1880 年到 2002 年已经下降了 12%。此外，酸化模拟实验和计算机模型预测显示，当空气中的 CO_2 浓度达到 560mg/L 时，珊瑚礁将停止生长或开始溶蚀。显而易见，海水酸化导致的珊瑚钙化率降低以及珊瑚死亡率升高，将会严重影响栖息于珊瑚礁的海洋生物的生存与繁殖，使人类的渔业经济蒙受巨大损失。

3. 甲壳类（crustacean） 甲壳类具碳酸钙形成的外壳，是海洋中生化钙化作用比较活跃的一大类群。研究显示，海水酸化会提高加利福尼亚岩虾（*Lysmata californica*）外壳中的钙含量，导致其外壳的透明度的降低，进而损害其逃避敌害的能力。挪威龙虾（*Nephrops norvegicus*）经酸化海水（ΔpH＝－0.4 个单位）培养 4 个月后，其体内的血细胞数量减少了 50%，剩余血细胞的吞噬能力下降了约 60%，其肝胰腺细胞中晚期糖基化终末产物（advanced glycation end products，AGEs）含量较正常海水培养组显著增加，这些结果提示，海水酸化对挪威龙虾的免疫防御功能产生了负面影响。在磷虾（*Euphausia superba*）的相关研究中，我们发现，在海水酸化条件下，磷虾的摄食率增加，苹果酸脱氢酶（malate dehydrogenase，MDH）、乳酸脱氢酶（lactate dehydrogenase，LDH）等关键代谢酶活性明显高于自然海水组磷虾，这些结果提示，磷虾可能通过增加摄食率和提高分解代谢速率来调节和缓解由于酸化导致的体内外酸碱失衡。

4. 软体动物（mollusc） 软体动物是世界上最庞大的渔获动物群体，也是受海水酸化影响比较严重的海洋生物类群，根据 Cooley 等（2009）的预测，到 2060 年，仅美国的贝类产业受到海水酸化的影响，就可累计造成高达 14 亿美元的经济损失。Talmage 等（2010）发现，生长于模拟工业革命前水平 CO_2 浓度（250mg/L）下的海湾扇贝（*Argopecten irradians*）和文蛤（*Mercenaria mercenaria*）具有生长速度快、变态速度快、贝壳厚而紧实的特点，而生长在模拟 2100 年 CO_2 浓度（>400mg/L）条件下的海湾扇贝和文蛤不仅存活率降低、生长速度减慢，而且贝壳面积显著减小并呈现溶蚀状态。对于海水酸化条件下栉孔扇贝（*Chlamys farreri*）钙化率的研究显示，当海水 pH 降低至 7.9 时，栉孔扇贝的钙化率会下降 33% 左右，而当海水 pH 降低至 7.3 以下时，栉孔扇贝的钙化率则出现负值，即当海水 pH≤7.3 时，栉孔扇贝根本无法产生贝壳。

何盛毅等（2011）的研究显示，在酸化海水中培养的马氏珠母贝（*Pinctada martensii*）的 D 型幼虫贝壳生长缓慢，幼体畸形率比正常海水组高出 44.6%。Van Colen 等（2012）的研究也显示，培养于酸化海水中的波罗的海蛤（*Macoma balthica*）的 D 型幼虫的贝壳生长减缓，而且 2 个酸化组（ΔpH＝－0.3 个单位，ΔpH＝－0.6 个单位）幼体死亡率分别比正常海水组高出 38%（ΔpH＝－0.3 个单位）和 89%（ΔpH＝－0.6 个单位）。

除了影响软体动物的生物钙化作用和幼虫存活外，海水酸化还能够对软体动物的代谢率产生负面影响。例如，在海水酸化条件下，大王乌贼（*Architeuthis dux*）的代谢率会显著下降。当海水 pH 降低至 7.3 左右时，栉孔扇贝的碳呼吸率和耗氧率会分别下降 14% 和 11%。长期生存于海水酸化条件下的紫贻贝（*Mytilus galloprovincialis*）会出现呼吸下降的现象。此外，海水酸化对软体动物的能量代谢也会产生不同程度的影响。例如，长期生活在 pH＝7.1［pCO_2＝（0.5±0.2）kPa］的环境中的野生太平洋牡蛎（*Crassostrea gigas*），其鳃组织中调节能量代谢反应的丙氨酸和 ATP 的含量会明显下降，而能量代谢反应产物琥珀酸盐的含量则显著上升，这一结果提示，在海水酸化条件下，牡蛎需要用更多的能量来维系正常生存。

值得注意的是，最近的研究显示，海水酸化能显著提高贻贝（*Mytilus edulis*）、泥蚶（*Tegillarca granosa*）和文蛤等贝类对于重金属——镉（Cd）的积累，这会对渔业食品安全产生潜在的威胁。

5. *棘皮动物*（Echinoderm） 棘皮动物是广泛分布于全球海洋的底栖生物类群，包括许多对生态和渔业经济具有重要意义的物种。目前，棘皮动物中开展海水酸化研究的物种主要集中于海胆纲、海参纲和海星纲种类。研究显示，海水酸化对海胆的受精率影响不大，却对海胆浮游幼体的发育有明显的影响，包括卵裂率降低、幼体体积减小等，其影响程度因种属而异。例如，白棘三列海胆（*Tripneustes gratilla*）、紫海胆（*Heliocidaris crassispina*）以及海胆 *Echinometra* sp. C 的浮游幼体畸形率会随海水 pCO_2 的升高而增加。在海水酸化条件下，紫球海胆（*Strongylocentrotus purpuratus*）浮游幼体阶段的蛋白质代谢和脂类代谢虽然未受到显著影响，但是其体内参与细胞分化和生物钙化作用的相关基因的相对表达却发生了显著变化，这一结果提示，海水酸化对紫球海胆浮游幼体的影响可能主要集中于细胞增殖分化和生物钙化作用两方面。Stumpp 等（2012）利用 H^+敏感型微电极和 pH 易感荧光染料 2,7- 双（2- 羧乙基）-5（6）- 羧基荧光素（BCECF）观察绿球海胆（*Strongylocentrotus droebachiensis*）浮游幼体细胞对海水 pH 改变的响应，发现海水 pH 的变化能够改变绿球海胆浮游幼体初级间质细胞（primary mesenchyme cells，PMCs）原有的酸碱动态平衡，引起海胆浮游幼体 PMCs 的“酸中毒”，为了缓解这种由胞内酸碱失衡导致的酸中毒，海胆浮游幼体 PMCs 通过激活一种依赖 Na^+的膜转运蛋白细胞信号转导通路进行补偿性代谢。在海参纲种类中，Yuan 等（2015，2016）的研究显示，刺参（*Apostichopus japonicus*）的受精与早期发育受海水酸化影响较小，但在深度海水酸化（ΔpH＝－0.65 个单位）的条件下，刺参成体的特定生长率下降了 0.42 %$\cdot d^{-1}$，能量摄入明显减少，且粪便中能量损失百分比增加。而海参 *Holothuria forskali* 的成体却几乎不受海水酸化的影响，这说明海参在对海水酸化的响应上具有较大的种属差异。对于海星纲种类而言，海星 *Asterias rubens* 的羽腕幼体在 pH 下降时会消耗更多能量以维持其胃内的碱性 pH。虽然海星 *A. rubens* 成体受海水酸化的影响较小，但是海水酸化可能会通过减少亲本对子代的能量传递而对海星 *A. rubens* 的继代产生一定的影响。Kamya 等（2017）研究发现，海水酸化对棘冠海星（*Acanthaster planci*）的影响是通过改变其幼体食物——甲壳珊瑚藻（Crustose coralline algal，CCA）的适口性和营养状态间接影响棘冠海星幼体的生长与发育。

6. *鱼类* 鱼类是海洋中的脊椎动物，是世界海洋渔业经济的重要支柱，也是人类优质蛋白质的来源之一。一般认为，鱼类拥有在海洋生物中较强的酸碱调节能力，应该不容易受到海水酸化胁迫的影响。首先，长期的酸化海水胁迫仍可引起冷水性海水鱼类（*Notothenia rossii*）肝细胞的轻微酸中毒以及线粒体能量代谢能力的降低。

其次，海水 pH 和溶解氧的变化会影响鱼类的性别分化及性别决定过程，在海水酸化条件下，慈鲷科（Cichlidae）鱼类会产生偏向于雄性比例高的后代，这一结果提示，长期的海水酸化可能会引起一些海水鱼类种群的性别失调，严重时可导致该鱼种的单一性别缺失甚至灭绝。

再次，不同程度的海水酸化还会影响橙色小丑鱼（*Amphiprion percula*）仔鱼的摄食及躲避天敌的能力，研究显示，酸化处理（CO_2 浓度＝700μmol/mol）4d 后，50% 的仔鱼丧失了捕食和躲避等能力，而当 CO_2 浓度达到 850μmol/mol 时，只需要在酸化海水中培养 2d，50%

的仔鱼便无法正常捕食及躲避敌害。Branch 等（2013）也指出海水 pH 的降低能够损伤某些经济鱼类的感觉器官，导致这些鱼类的存活率降低，进而影响经济鱼类的产量。

最后，海水鱼类同样具有钙化功能，其主要生物矿化器官——耳石的主要成分是碳酸钙，所以容易受到海水酸化的影响。值得注意的是，与预期的海水酸化会降低鱼类耳石的钙化效率并缩小鱼类耳石面积的假设相反，Checkley 等（2009）发现，海水酸化不仅没有减缓鱼类耳石的形成进程，反而促使 7～8 日龄鲈鱼（*Atractoscion nobilis*）仔鱼的耳石在长度上增加了 7%～9%。由于耳石的主要生物功能是声音探测和方向定位，如果耳石的形成发生变化，将直接影响鱼类对声音的探测和水中的自身定位，进而影响鱼类种群之间的交流以及鱼类自身的方向定位，甚至导致鱼类种群整体的行为异常。根据最新的预测估计，由于受到海水酸化的影响，世界某些海区 2050 年的渔业最大捕捞潜力将比 2005 年的最大捕捞潜力下降 20%～30%。

综上可以看出，海水酸化对海洋生物乃至海洋生态系统的影响是复杂而深远的。由 CO_2 过度排放所引起的海水酸化问题，也不仅是单纯地降低海水 pH 和破坏海洋碳酸盐溶解平衡，它所产生的效应涉及化学、生物学、地球科学等多个学科领域。目前，世界范围内对海水酸化的研究还处于起步阶段，已经评估的物种还不到海洋生物总数的 2%，有关海水酸化的长期效应和对海洋生态以及渔业资源的全部影响还尚不清楚。因此，只有系统全面地认识海水酸化对整个海洋生态系统的影响，才能找到有效的解决办法，减少海水酸化带给人类的负面影响。

第二章 海水酸化的研究方法

图表摘要（Graphical Abstract）

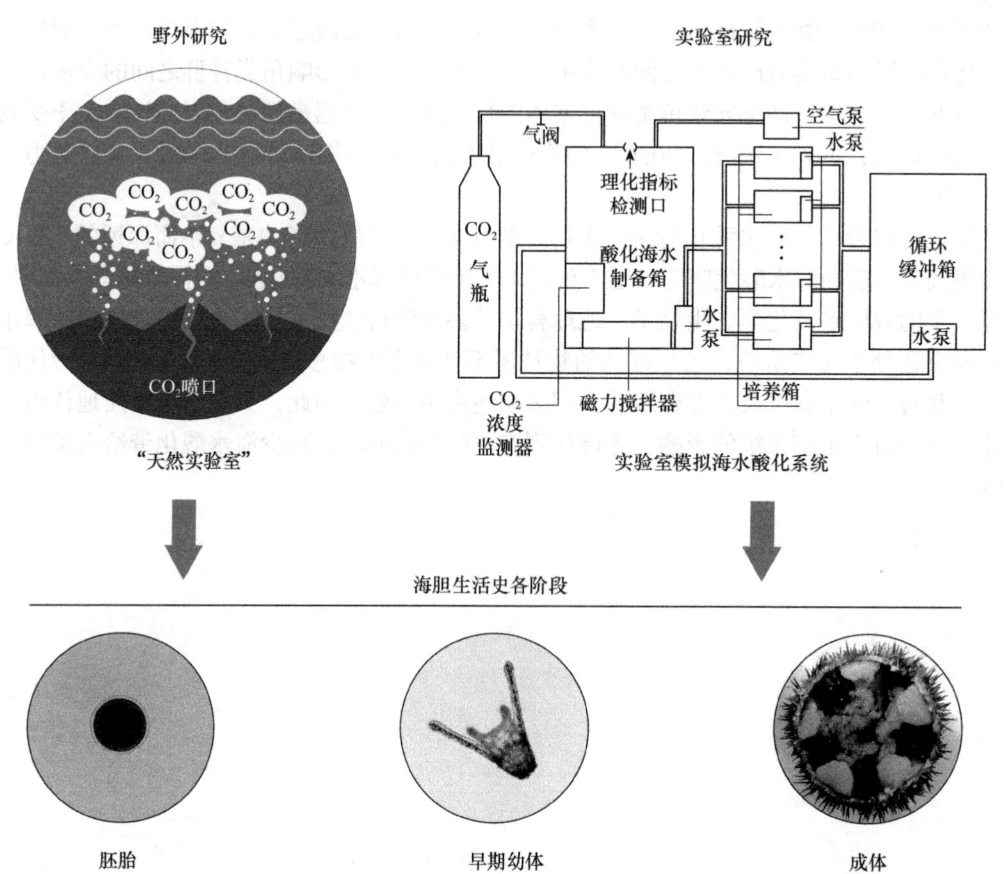

本章彩图请扫码

一直以来，人们认为海水酸化的进程是缓慢和不易察觉的，但是调查显示，意大利那不勒斯附近海域的有孔虫类由于受到海水酸化影响已由24种降低到4种，美国Tatoosh岛附近海域海水pH实际上升的平均速度比计算机模拟预测的速度快10倍以上，海水酸化正以我们无法估计的速度加剧。因此，尽快开展海水酸化的相关研究，系统掌握和了解海水酸化对海洋生物、食物网乃至整个海洋生态系统的影响迫在眉睫。

目前，根据研究场所的不同，海水酸化的研究方法可以分为自然环境下进行的野外研究方法和实验室环境下的模拟研究方法两大类。其中，实验室环境下的模拟研究方法还可以根据海水pH降低的调节方式不同分为强酸法和CO_2通入法。早期的海水酸化模拟研究一般是采用强酸法调节海水pH，即向海水中直接加入盐酸（HCl）或硫酸（H_2SO_4）等强酸调节海水的pH降至预期值。虽然强酸法模拟海水酸化成本低廉、操作相对简便，但是由于海水酸化效应除了海水 pH 的降低外，还包括海水二氧化碳分压（pCO_2）和海水碳酸盐体系动态平衡的变化，因此人们逐渐认识到，强酸法模拟海水酸化无法真实地反映由 CO_2 过度排放所导致的海水酸化带来的真实影响。目前在实验室条件下模拟海水酸化都是采用 CO_2 通入法，该方法是向海水中持续或间歇性通入 CO_2 气体并调节海水的 pH 降至预期值以实现模拟海水酸化的研究方法。本章将分别介绍自然环境下的野外研究法和基于 CO_2 气体通入法的实验室模拟海水酸化方法，以及实验室条件下模拟海水酸化对海胆影响的实验操作与研究策略。

第一节　海水酸化的野外研究方法

自然环境下进行海水酸化相关研究的地点大多为天然形成的二氧化碳喷口（CO_2 vents）附近，这些位于海底的天然二氧化碳喷口是由于海底复杂的地理运动而形成的，目前主要分布于希腊和意大利的地中海沿岸海域。海底二氧化碳喷口喷出的 CO_2 气体（含量>90%）可直接被海水吸收，导致海水 pCO_2 升高和 pH 的下降，这与目前由于人类工业活动所产生的过量 CO_2 气体排放所导致的海水酸化原理相一致，因此，天然的二氧化碳喷口附近海域是目前公认的研究海水酸化的“天然实验室”。

然而，并不是所有的天然二氧化碳喷口都适合进行海水酸化的相关研究。目前，能够用于进行海水酸化研究的二氧化碳喷口被称为“冷喷口”（cold vents）。这类喷口具备两个特点：第一，在气体排放过程中不伴随放热，此类二氧化碳喷口附近海水温度与同海域无二氧化碳喷口区域海水温度相一致；第二，此类喷口所排放气体中不包含或含有极少量的硫化氢（H_2S）。例如，位于意大利的武尔卡诺岛的火山岛东北面的莱万特海湾（38°25′ N, 14°57′ E）、那不勒斯的伊斯基亚岛（40°43′ N，13°54′ E）以及伊奥利亚群岛的帕纳雷阿岛（38°38′ N, 15°04′ E）附近都有适合进行野外海水酸化研究的二氧化碳“冷喷口”。

毋庸置疑，野外条件下探究和评估海水酸化对海洋生物以及海洋生态系统的影响具有直观、真实和准确等优势，但是受地理位置的限制，适合野外研究的“天然实验室”数量有限，而且在这些“天然实验室”的自然海域有其固有的局部生态系统，从保护生态环境的角度上讲，不应在这些海域引入其他海域的物种，因此这些限制了研究和评估的海洋生物种类，无法全面评估海水酸化对各种各样海洋生物的影响。此外，自然海水环境受气候因素影响较强，气候急剧变化会导致水体的理化参数波动较大，研究参数难以稳定，从而增加对结果数据进行统计学分析的难度。

第二节　实验室模拟海水酸化的研究方法

与野外研究方法相比，实验室条件下模拟海水酸化可以实现对海水理化参数较为精确和稳定的控制，便于观察和研究目标生物在海水酸化条件下的生理生化反应。

目前，基于 CO_2 气体通入的模拟方法是国际上比较通用的实验室模拟海水酸化方法，根据 CO_2 气体通入的浓度可以分为高纯度 CO_2 气体通入和预混 CO_2 气体通入两种方法。

（1）高纯度 CO_2 气体通入方法又可以分为海水 pH 实时监测和海水 pCO_2 调节两种方法。①海水 pH 实时监测是指将 pH 检测装置与 CO_2 气瓶的减压阀连接起来，通过计算机特定程序进行实时监控，实现对海水 pH 的自动调节。这种方法具有自动化、操作方便和节省人力等优点。但是，海水 pH 实时监测系统的建立需要设计特殊程序且设备复杂，成本相对较高，不利于广泛应用。②海水 pCO_2 调节法是指将纯的 CO_2 气体（浓度>99.999%）直接通入海水中进行海水 pH 的调节，当海水达到 pH 预期值时，要将装有实验动物的容器进行封闭处理以免因气体交换而导致的海水 pH 波动。这种方法虽然操作简单、方便快捷，但是对于需氧量较大的海洋生物而言，可能会由于缺乏气体交换（低氧）而产生异常生理生化反应，造成实验误差，影响实验准确性。

（2）预混 CO_2 气体通入法是海水 pH 实时监测和海水 pCO_2 调节两种方法的集成和优化。该方法是预先将纯 CO_2 气体与空气按一定比例进行混合或装瓶，在整个实验过程中，保持持续通气，同时配以 pH 检测装置实施监控。这种方法操作也较为简单，无需对容器进行封闭处理，而且能够长时间保证海水酸化模拟系统的 pH 相对恒定。

一、预混 CO_2 气体通入法实例

实验室模拟海水酸化系统（专利号：ZL 201320267332.7）是一种具有结构简单、成本低廉以及操作方便等优点的海水酸化模拟系统。该系统所需设备主要有海水箱、空气泵、CO_2 气瓶、气阀、磁力搅拌器、CO_2 浓度监测器、pH 检测装置、水泵以及水管等。设备的连接方法如图 2.1 所示。

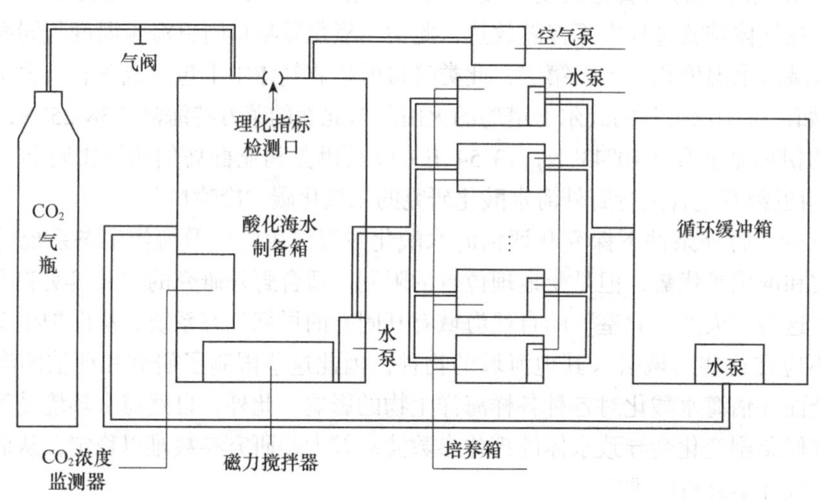

图 2.1 实验室模拟海水酸化系统示意图

首先，将天然海水注入酸化海水制备箱中，而后通过空气泵与 CO_2 气瓶同时向酸化海水制备箱进行充气，并打开磁力搅拌器使空气、CO_2 以及海水充分混合。在充气过程中，通过 CO_2 浓度监控器实时监测 CO_2 浓度，同时利用 pH 检测装置实时监测制备箱中海水的 pH，当达到预定值时，则停止向酸化海水制备箱中充入气体。酸化海水制备箱的上方设有理化指标检测口，检测酸化海水的各项指标，以确保实验中酸化海水各项指标的稳定性。制备箱中的酸化海水通过水泵进入各实验用培养箱中，同时各培养箱中的酸化海水最后经过循环缓冲箱回到酸化海水制备箱中，为了确保实验的准确性，当各组达到稳态时，再进行海水相关参数的测定。

二、海水参数测定及分析

1. 海水总碱度测定

（1）首先要进行盐酸标准溶液的标定：用移液管准确移取 15ml 含有混合指示剂的碳酸钠标准溶液，用盐酸标准溶液滴定。当溶液由橙黄色转变为稳定的紫红色时，即到达标定终点。按照式（2.1）计算盐酸溶液标定浓度：

$$C_{HCl}=\frac{C_{Na_2CO_3}\times V_{Na_2CO_3}}{V_{HCl}} \tag{2.1}$$

式中，C_{HCl} 为盐酸溶液标定浓度（mol/L）；$C_{Na_2CO_3}$ 为碳酸钠标准溶液浓度（mol/L）；V_{HCl} 为盐酸溶液体积（ml）；$V_{Na_2CO_3}$ 为碳酸钠标准溶液体积（ml）。

（2）在标定好盐酸标准溶液后，用移液管准确移取 25ml 海水，置于广口瓶中，再加入 10ml 的标定的盐酸标准溶液，加盖后充分混匀。用 pH 计测定酸化水样 pH，维持水样 pH 在 3.40～3.90 范围内，若 pH 小于 3.40 则向酸化水样中另加入 5ml 水样后冲洗测定 pH；若 pH 大于 3.90，则向酸化水样中另加入 1ml 标定盐酸后重新测 pH，每份水样做三个平行。根据式（2.2）计算出海水总碱度。

$$A=\frac{V_{HCl}\times C_{HCl}}{V_W}\times 1000-\frac{\alpha_{H^+}\times(V_W+V_{HCl})}{V_W\times f_{H^+}}\times 1000 \tag{2.2}$$

式中，A 为海水总碱度（mmol/L）；C_{HCl} 为盐酸标定浓度（mol/L）；V_W 为水样体积（ml）；V_{HCl} 为盐酸溶液体积（ml）；α_{H^+}为与测定溶液对应的氢离子活度；f_{H^+}为与测定溶液 pH 和试剂盐度对应的氢离子活度系数。

2. 海水碳酸体系分析　以各组海水的 pH、盐度、温度和总碱度为参数，建立关系数据分析模型，通过 $SWCO_2$ 软件（http://neon.otago.ac.nz/swco2）分析计算包括 pCO_2、[HCO_3^-]、[CO_3^{2-}]、方解石饱和度（Ω_C）以及文石饱和度（Ω_A）在内的各组海水碳酸体系组成。

实验室模拟海水酸化方法虽然具有参数相对稳定和易于操控等优势，但也存在一定的局限性。一方面，实验室条件下无法真实地对自然环境中海水化学参数的正常波动进行模拟，因此只能根据实验结果推测自然条件下生物对海水酸化的真实响应。另一方面，受限于实验室的空间条件和海水酸化体系规模所需的成本，在实验室中只能模拟一个物种对海水酸化的响应或数量有限的几个物种在海水酸化条件下的相互作用，无法评估海水酸化对一个复杂生态系统的全面影响。

第三节　海水酸化对海胆影响的研究方法

海胆属于棘皮动物门（Echinodermata）游在亚门（Eleutherozoa）海胆纲（Echinoidea），全世界现存大约共有 850 种，其中经济种类 30 种。海胆作为发育生物学的模式生物已有 100 多年的历史，由于海胆浮游幼体和成体具有骨针（spicule）、棘（spine）、齿（tooth）及壳（test）等钙化结构，因此也是研究生物钙化作用的重要模式生物。此外，海胆身体的方解石结构中含有大量的镁元素，而在 CO_2 浓度升高的情况下，高镁含量的方解石比文石更易溶解，所以海胆可能对海水酸化具有更高的敏感性。本节将从实验室模拟海水酸化的实验设计、海胆生活史不同阶段研究策略以及各阶段样品收集等方面介绍研究海水酸化对海胆影响的基本实验方法。

一、实验设计

1. 海水 pH 的设置　目前，实验室模拟海水酸化的组别设置一般是根据 IPCC 第四份和第五份的报告进行，这两份报告中指出，到 21 世纪末，全球表层海水的平均 pH 将比现在降低 0.3～0.5 个单位。因此，在研究海水酸化对海胆的影响时，除了设置自然海水作为对照组外，通常会设置 3～5 个梯度酸化海水处理组，每组的酸化程度以 ΔpH 表示，即 ΔpH＝预期海水 pH－自然海水 pH。本书设置了 1 个自然海水对照组（Control）和 3 个海水酸化处理组，其中 3 个海水酸化处理组的 ΔpH 分别为－0.3 个单位（OA1 组）、－0.4 个单位（OA2 组）和－0.5 个单位（OA3 组）。

2. 酸化海水制备　本书中进行实验室条件下模拟海水酸化对海胆的研究采用的酸化海水制备系统为本章第二节中介绍的实验室模拟海水酸化系统（专利号：ZL 201320267332.7）。

3. 研究周期　根据海胆发育阶段的不同，实验室条件下模拟海水酸化对海胆的研究周期可分为早期发育阶段和成体阶段。其中，早期发育阶段又可进一步分为受精阶段、胚胎发育阶段和浮游幼体阶段；成体阶段可进一步分为繁殖期和非繁殖期。由于海胆生活史中的每个时期都具有比较鲜明的发育以及生理特点，因此，可以根据具体的实验目标确定海水酸化处理的实验周期。

二、受精阶段的研究策略

海胆为雌雄异体，体外受精。由于海胆的配子外排和整个受精过程均在海水中完成，因此，此阶段研究海水酸化对海胆的影响可主要从配子识别蛋白分子表达、受精率和受精卵形态观察等方面入手。

1. 人工催产　研究者一般通过对成熟的海胆注射一定量 0.5mol/L 氯化钾溶液的方式诱导海胆释放配子。研究者可以将卵子直接收集至装有新鲜过滤海水的容器中，使用 80 目的筛绢滤去海胆的断棘、粪便以及食物残渣等固体杂质，以血球计数板测算卵子的密度。根据实验需要，研究者可选择通过自然沉降对卵液进行浓缩或加入过滤海水的方法将卵子稀释至预期密度。精子的收集分为干法和湿法两种，干法即收集到干燥的器皿中，湿法即收集到有过滤海水的器皿中。配子收集完毕后，投放至准备好的水体中人工授精。

研究海水酸化对海胆受精的影响时，需要提前准备好相应的酸化水体，避免配子授精前在体外滞留时间过长影响受精效果。①在进行授精前，应注意防止雌雄配子相互污染，干扰实验结果的准确性。②在收集精子时应使用干法，避免其与海水接触而导致提前激活，降低授精时的精子活力。③需要注意的是，为避免由于个体差异而带来的实验误差，一般使用多雌（≥3 只）对多雄（≥3 只）的授精方法。

授精时，先将混合均匀的卵液等量投放至各组水体中，投卵前应先计算好系统初始密度，见式（2.3）。

$$初始密度（个/ml）=\frac{卵液密度\times投卵体积}{投卵后总体积}\times100\% \quad (2.3)$$

投卵后迅速加入混合均匀的精子并将授精水体搅匀。各组水体应同时完成授精以避免实验误差。授精后，可在 90min 内分多个时间点取样以观察受精情况。取样时，应注意先将水体混匀，并采用五点取样法以避免误差。此外，授精后应在 30min、60min 和 90min 时更换海水，防止过量的精子对受精卵产生破坏作用。

2. 配子的识别　配子的准确识别是受精成功的前提，海胆的配子识别蛋白主要包括位于精子顶体的结合素（bindin）蛋白和位于卵子上的结合素受体 1（egg bindin receptor 1, EBR1）蛋白。在研究中，可以通过检测海胆配子识别蛋白的表达水平和活力间接判断海水酸化对海胆配子识别作用的影响（bindin 与 EBR1 的荧光定量 PCR 引物，详见表 2.1）。

表 2.1　荧光定量 PCR 引物

物种	基因	NCBI 登录号	引物	序列
中间球海胆（*Strongylocentrotus intermedius*）	*Sibindin*	MG548309	Sibindin-F	5′- GATTGTTCCTGCGACCTCGTCTATG -3′
			Sibindin-R	5′- GGCAGCGATTAACGAAGGATCTGG -3′
	SiEBR1	—	SiEBR1-F	5′- GGACATTGATGAGGGCTTGGGAGAC -3′
			SiEBR1-R	5′- AGGGTCAATTCTACCGTGTTGCCAA -3′
	SiTNF	MH516331	SiTNF-F	5′- TGTATCTGGTCGGGTTTGCTG -3′
			SiTNF-R	5′- TGGTCTCCTGGGGATGTCGGT -3′
	SiTGF-β	—	SiTGF-β-F	5′- GGAACCGACCAGGCGATTCTTG -3′
			SiTGF-β-R	5′- CAGCAGATAGTCACCGCAGTTCAG -3′
	SiMYP	AB192414	SiMYP-F	5′- ACCATATGGACTGACGT -3′
			SiMYP-R	5′- GGGTTCTACCTCGGAGTTGAC -3′
光棘球海胆（*Mesocentrotus nudus*）	*SiTGF-β*	MH178665	MnTGF-β-F	5′- ACCAGGGAAGGATGGCTCG -3′
			MnTGF-β-R	5′- CAGGTGTAGTGGTTGTGGGTCC -3′

3. 受精率及受精卵形态观察　当海胆的精子与卵子的质膜融合后，会发生一系列的反应使卵黄膜与卵质膜分离并拱起，形成受精膜，因此判断海胆卵子是否成功受精的依据就是观察卵周是否有受精膜的存在。正常的海胆受精卵为球形，在显微镜下的轮廓为正圆形，而畸形受精卵的轮廓在显微镜下往往呈现椭圆形、多边形或不规则形状。使用血球计数板记录下每毫升样品中受精卵的数量，并分别计算各组受精率与受精卵畸形率，见式（2.4）、式（2.5）。

$$受精率（\%）=\frac{每毫升样品受精卵数量}{初始密度}\times100\% \quad (2.4)$$

$$受精卵畸形率（\%）=\frac{样品中畸形受精卵数量}{样品中受精卵总数量}\times100\% \quad (2.5)$$

三、卵裂与囊胚孵化阶段的研究策略

海胆的受精卵经多次卵裂后孵化为囊胚。卵裂期的海胆胚胎通常沉于水底，而成功孵化的囊胚后期会在表面形成可以运动的纤毛，从而获得自由游动的能力并向原肠胚转化。研究这一阶段海水酸化对海胆的影响，可以通过比较卵裂速度和计算囊胚孵化率入手。

1. *卵裂速度*　由于海胆胚胎早期的卵裂速度较快，通常以某一时间点各时期细胞占总胚胎数量的比例来衡量受精卵的卵裂速度。通常可在授精后 60min 至 300min 之间，以 30min 间隔用五点取样法数次进行取样观察，于显微镜下对样品中各细胞期胚胎的数量进行计数并计算百分比。

2. *囊胚孵化率*　囊胚孵化率俗称上浮率，其判断依据是，海胆的后期囊胚因其游动能力而较为均匀地悬浮在整个水体中。计算公式如式（2.6）所示。

$$\text{囊胚孵化率（\%）}=\frac{\text{自由活动囊胚数量}}{\text{初始受精卵数量}}\times 100\% \tag{2.6}$$

四、浮游幼体阶段的研究策略

浮游幼体阶段是连接着海胆胚胎发育与匍匐变态的关键阶段。在生产中，可以通过计算浮游幼体的存活率实现对海胆最终产量的预估。更为重要的是，海胆在这一阶段出现钙化结构——骨针，而海水酸化通常会对生物的钙化过程造成影响。因此，海水酸化对海胆影响的研究，在这一阶段主要可从计算存活率、观察骨针形态以及观察骨针超显微结构入手。

1. *存活率*　研究海水酸化对海胆浮游幼体存活的影响，需要注意的是，不同种类的海胆从受精卵发育到浮游幼体期所需的时间不同，且发育速度会随温度的变化而改变。因此，在实际研究中，研究者应参考目标海胆品种的早期发育数据，设计预实验，以确定取样时间点。在上层水体中采用 5 点取样法取样，并计算存活率，公式如式（2.7）所示。

$$\text{存活率（\%）}=\frac{\text{浮游幼体数量}}{\text{初始受精卵数量}}\times 100\% \tag{2.7}$$

2. *骨针形态观察*　骨针是海胆浮游幼体的主要钙化结构，正常的海胆浮游幼体的骨针具有良好的对称性，而海水酸化的作用可能会影响到海胆幼体的钙化功能，从而对海胆浮游幼体骨针的形成和结构产生影响。在显微镜下观察各组海胆浮游幼体形态，并使用 DN-2 软件测量两侧不对称骨针的长度，将具有不对称形态的浮游幼体的较长的骨针（overall spicule of longer length）定义为 OL_L，将较短的骨针（overall spicule of shorter length）定义为 OL_S，则不对称率（asymmetry degree，*Ad*）的计算公式如式（2.8）所示。

$$Ad\,(\%)=\frac{OL_L-OL_S}{OL_L}\times 100\% \tag{2.8}$$

一般认为，海胆的四腕幼体期是海胆浮游幼体骨针发育分化比较明显的阶段，其骨针可分化为骨棒（body rod，BR）、后口腕（post oral arm，PO）和骨针间距（distance between skeletal rod，SR）三部分，其示意图如图 2.2 所示，因此可使用 DN-2 软件分别测量各个实验条件下的海胆四腕幼体的骨针全长（length of the overall spicule，OL）、骨棒长度、后口腕长度和骨针间距。

3. 骨针超显微结构的观察

（1）按照 Mann 等（2010）的描述方法分离海胆浮游幼体钙化骨针，步骤如下所示。

1）样品 2000r/min 离心 1min，去除海水。

2）加入 5～10 倍体积的 4℃超纯水清洗，1000r/min 离心 1min，弃上清。

3）加入 5～10 倍体积的 0.01mol/L Tris-HCl（pH＝8.0）清洗，1000r/min 离心 1min，弃上清。

4）重复步骤 3）。

5）将步骤 4）所得的沉淀重悬于 0.01mol/L Tris-HCl（pH＝8.0）中，充分匀浆。

6）向匀浆液中加入 SDS（终浓度 0.1%），搅拌均匀，4500r/min 离心 5min，弃上清。

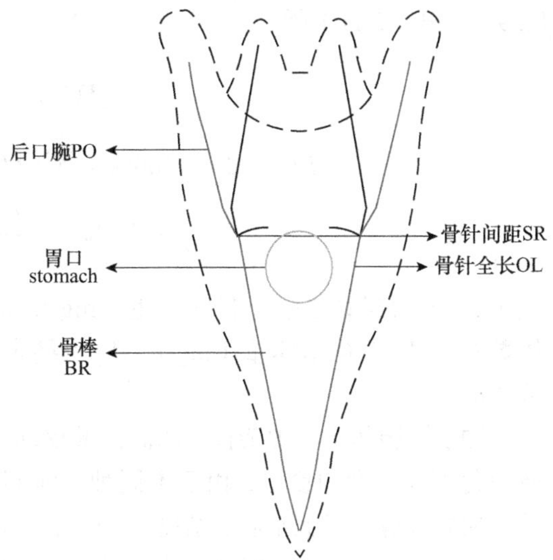

图 2.2　海胆四腕幼体骨针形态示意图

7）将步骤 6）所得的沉淀重悬于 4℃超纯水中，加入等体积 4.5% 的次氯酸钠，顺时针搅拌 1～2min，12 000r/min 离心 5min，弃上清。

8）加入 2～3 倍体积 4.5% 的次氯酸钠，轻轻搅拌数秒，12 000r/min 离心 5min，弃上清。

9）先后用饱和碳酸钙、无水乙醇、无水丙酮冲洗，12 000r/min 离心 5min，弃上清。

10）待沉淀自然风干，即获得海胆浮游幼体钙化骨针。

（2）将分离得到的海胆浮游幼体钙化骨针按照常规方法处理，于扫描电子显微镜下观察超显微结构。

五、成体阶段的研究策略

相较于胚胎和幼体，海胆成体拥有更为复杂的生理组织和结构，在这一阶段研究海水酸化对海胆的影响，可以从海水酸化对其组织形态与结构、生长与代谢和免疫功能等的影响入手。

1. 组织结构　正常的组织结构和形态是保证生命正常运行的基础，海胆成体的组织结构包括棘、齿、消化道和性腺。其中，海胆成体棘与齿的钙化结构可采用扫描电子显微镜进行超显微结构观察，而消化道和性腺等组织结构可在固定后采用 HE 染色等方法进行组织切片观察。

2. 生长与代谢　海洋酸化对成体海胆生长的影响主要可以从平均摄食量（food consumption，FC）、摄食率（feeding rate，FR）、食物消化率（food digestibility，FD）、消化酶活力、特定生长率（specific growth rate，SGR）以及代谢酶活力等方面加以评估。

（1）平均摄食量和摄食率是反映和衡量生物体摄食机能的重要指标，其中平均摄食量是指一次投喂后平均每只水生动物摄食的食物量；而摄食率通常又被称为相对摄食量，是指水生动物一次摄食的食物量与水生动物体重的比值。而食物消化率是直观反应某物种对特定种类食物消化能力的关键指标。海胆平均摄食量、摄食率与食物消化率计算公式如式

(2.9)~式(2.11)所示。

$$FC(\mathrm{mg})=\frac{TB-RB}{N} \quad (2.9)$$

$$FR(\%/\mathrm{d})=100\%\times\sum(TB/N-RB/N)/[(W_1+W_0)/2\times t] \quad (2.10)$$

$$FD(\%)=\frac{FC\times N-F_d}{FC}\times 100\% \quad (2.11)$$

式中,TB 为当日投喂饵料的干重(mg);RB 为当日剩余饵料的干重(mg);N 为海胆个体数量;W_0 为初始体重(mg);W_1 为终末体重(mg);t 为实验天数(d);F_d 为粪便干重(mg)。

(2)海胆作为一种杂食性的海洋棘皮动物,其消化道内含有许多不同种类的消化酶,以便消化不同类型的食物。由于不同种类海胆消化道内所含的消化酶种类及活力存在较大差异,加之环境因子如水温、盐度及 pH 等也可通过影响消化酶的活力而影响海胆对食物的消化能力,因此在判定海胆消化能力时不仅要对表观的食物消化率进行测量,还需结合其消化道内的消化酶种类及活力水平进行综合的评估。一般情况下,可以通过测定海胆消化道内淀粉酶(amylase,AMS)、纤维素酶(cellulase,CL)以及脂肪酶(lipase,LPS)的活力来判断海胆对食物的消化能力。消化酶的酶活力定义为每毫克蛋白质的酶活力单位数(unit per milligram of protein,U/mgprot),测定方法如下所示。

1)解剖获取 1g 消化道组织样品,在冰浴中匀浆。

2)将匀浆液在 4℃下以 3500r/min 离心 10min,取上清。

3)使用试剂盒(南京建成生物工程研究所有限公司)检测样品总蛋白与酶活力,并使用酶标仪对酶促反应的底物吸光度进行检测。

4)根据酶标仪读数,按照式(2.12)~式(2.14)计算不同消化酶的酶活力。

$$AMS(\mathrm{U/mgprot})=\frac{A_0-A_3}{A_0}\times\frac{0.4\times0.5}{10}\times\frac{30}{7.5}\div(V_0\times C_0) \quad (2.12)$$

$$CL(\mathrm{U/mgprot})=\frac{A_3-A_2}{A_1-A_0}\times C_1\times\frac{V_1}{V_0}\div C_0\div T \quad (2.13)$$

$$LPS(\mathrm{U/mgprot})=\frac{A_{T0}-A_{T1}}{A_1}\times C_1\times\frac{V_1}{V_0}\div C_0\div T \quad (2.14)$$

式中,A_0 为空白样品吸光度;A_1 为标准品吸光度;A_2 为无反应对照样品吸光度;A_3 为实验样品反应中的吸光度;A_{T0} 为反应前的吸光度;A_{T1} 为反应后的吸光度;C_0 为实验样品蛋白浓度(gprot/L);C_1 为标准品蛋白浓度(mol/L);V_0 为样品体积(ml);V_1 为反应液总体积(ml);T 为酶促反应时长(min)。

(3)特定生长率是生长率与天数的比值,在海胆养殖中是衡量生长情况的重要指标,其计算公式如式(2.15)所示。

$$SGR(\%/\mathrm{d})=\frac{\ln W_1-\ln W_0}{t}\times 100\% \quad (2.15)$$

式中,W_0 为初始体重(mg);W_1 为终末体重(mg);t 为实验天数(d)。

海洋生物为了平衡海洋酸化造成的体内酸碱动态变化，需要消耗额外的能量，同时海水中 pCO_2 的变化也会造成溶氧量的改变。因此，可以通过计算耗氧率（Q_O）和检测能量代谢相关酶活力的方法，研究海洋酸化对成体海胆代谢的影响。耗氧率计算公式如式（2.16）所示。

$$Q_O\,[\mu mol/(g\cdot h)] = \frac{(D_0-D_t)\cdot V}{W\cdot T} \tag{2.16}$$

式中，D_0 为起始溶氧量（μmol/ml）；D_t 为终末溶氧量（μmol/ml）；V 为水体体积（ml）；W 为海胆体重（g）；T 为实验时间（h）。

（4）酶水平的调节是生物体最原始的代谢调节方式，其特点是通过改变限速酶（关键酶）的活力而控制代谢途径的反应速率，如糖酵解途径的己糖激酶（hexokinase，HK）、磷酸果糖激酶（phosphofructokinase，PFK）、丙酮酸激酶（pyruvate kinase，PK），以及三羧酸循环中的柠檬酸合酶（citrate synthase，CS）、琥珀酸脱氢酶（succinic dehydrogenase，SDH）、谷氨酸脱氢酶（glutamic dehydrogenase，GDH）等。海胆不同组织的代谢酶活力检测方法与样品处理方法同消化酶。代谢酶活力定义为每克蛋白质的酶活力单位数（unit per gram of protein，U/gprot），按式（2.17）～式（2.22）进行计算。

$$HK(\text{U/gprot}) = \frac{A_{T1}-A_{T0}}{6.22} \div T \times \frac{V_1}{V_0} \div C_0 \tag{2.17}$$

$$PFK(\text{U/gprot}) = 450 \times \frac{A_{T0}-A_{T1}}{C_0} \times 1000 \tag{2.18}$$

$$PK(\text{U/gprot}) = \frac{A_{T0}-A_{T1}}{6.22} \div T \times \frac{V_1}{V_0} \div C_0 \tag{2.19}$$

$$CS(\text{U/gprot}) = \frac{A_{T0}-A_{T1}}{13.6\times 10^{-3}\times T} \times \frac{25}{C_0\times 10} \times 1000 \tag{2.20}$$

$$SDH(\text{U/gprot}) = \frac{A_{T0}-A_{T1}}{0.01\times T} \div (V_0\times C_0) \times 1000 \tag{2.21}$$

$$GDH(\text{U/gprot}) = 643\frac{A_{T0}-A_{T1}}{C_0} \times 1000 \tag{2.22}$$

公式中符号同消化酶计算公式（2.12）～式（2.14）。

3. *免疫功能*　海胆的免疫属先天免疫（innate immunity），主要依靠体腔液中的体腔细胞与免疫因子的协同作用产生免疫反应。因此，研究海水酸化对海胆免疫功能的影响主要可以从两方面入手，即体腔细胞的吞噬作用与免疫相关基因的相对表达。

海胆体腔细胞的吞噬作用可以通过计算体腔细胞对酵母细胞的吞噬率进行研究，具体方法如下所示。

1）将沸水浴 30min 致死的酵母细胞悬浮于 pH＝7.0 的磷酸盐缓冲液（phosphate buffered saline，PBS）中，调整细胞密度为 10^7～10^9 个 /ml。

2）取新鲜的海胆体腔液，2000r/min 离心 10min 后弃上清，使用无菌海水将沉淀的体腔细胞重悬，并将体腔细胞悬液稀释为 10^8 个 /ml。

3）使用 0.22μm 孔径的滤膜过滤新鲜海胆体腔液 4～5 次，获得无细胞体腔液。

4）向 2ml 无细胞体腔液中加入 1ml 酵母细胞悬液和 2ml 体腔细胞悬液，常温培养 2h，期间每隔 30min 振荡一次。

5）计算体腔细胞吞噬率，如式（2.23）所示。

$$\text{吞噬率（\%）} = \frac{\text{吞噬酵母细胞的体腔细胞数}}{\text{体腔细胞总数}} \times 100\% \tag{2.23}$$

海胆体内有许多基因都参与免疫功能的调节，如 *IL-4*、*IL-6*、*PGE2*、*6-KETO-PGF1α*、*LRCH2-Like*、*NLR*、*Hsp-70*、*TLR*、*LYZ*、*GPX*、*GST*、*COX*、*TNF* 和 *TGF-β* 等。使用实时定量 PCR（quantitative real-time PCR）技术检测其转录水平的相对表达情况，从而判断海胆免疫能力的变化情况。

六、海水酸化对海胆影响的组学研究策略

（一）组学样品的制备

1．海胆早期发育样品的制备　使用软头吸管将目的时期的海胆胚胎（或幼体）连同海水收集到离心管中，以 4000r/min 低速离心 10s，将海胆胚胎（或幼体）集中到离心管底部，同时保证海胆幼体外部形态不被破坏。使用无菌注射器将管中多余海水尽可能地移除（注意不要吸到样品），并迅速将离心管中的样品投入液氮中快速冷冻。取样完成后，将样品转移至－80℃冰箱中长期保存。

2．海胆成体组织样品的制备　将成体海胆充分置于酸化条件与其组别相对应的无菌海水中，等待其管足充分伸展，使用灭菌的眼科剪将管足剪下，并使用无菌塑料吸管将管足连同海水收集至离心管中，稍离心并使用无菌注射器移除海水。将海胆从水中取出，使用无菌眼科剪沿外侧边将围口膜剪下，转移至离心管中。将海胆口器去除，使用无菌注射器抽取体腔液并转入离心管中，4℃下以 4000r/min 离心 15min 后去除上清液，获得的沉淀即体腔细胞。使用灭菌的镊子将海胆肠取出，在无菌海水中洗掉粪便和食物残渣后置入离心管。将海胆消化道全部移除，用无菌海水清洗掉粪便与食物残渣，使用无菌的手术刀与镊子将海胆性腺从海胆壳内壁上取下，置于离心管中。所有组织在取样后应立即投入液氮中快速冷冻，最后在取样工作结束后将样品转移至－80℃的冰箱中。

（二）转录组学研究方法

转录组学（transcriptomics）是从整体转录水平系统研究基因转录图谱并揭示复杂生物学通路和性状调控网络分子机制的学科。早期转录组研究的高通量方法是一类基于分子杂交的方法，如微阵列技术（microarray analysis）。2009 年，Todgham 等（2009）使用微阵列技术研究了紫球海胆早期幼体响应海水酸化的转录反应。随着二代测序技术（next-generation sequencing，NGS）的发展，基于测序的研究方法渐渐成为转录组高通量研究的主流，例如，Dilly 等（2015）使用焦磷酸法（pyrosequencing）建立了南极海胆（*Sterechinus Neumayeri*）原肠胚、早期及中期长腕幼体的转录组；Gaitán-Espitia 等（2016）使用 454 测序系统（一种基于焦磷酸测序法的超高通量测序系统）对可食用海胆（*Loxechinus albus*）雄性性腺的 cDNA 文库进行了测序。

目前，用于转录组测序的平台主要有 454 Life Sciences 公司推出的 454 测序技术、

Illumina 公司和 ABI 公司相继推出的 Solexa 和 SOLID 测序技术，其中 454 测序技术平台最早实现商业化，Solexa 技术的 HiSeq 测序平台逐渐成为二代测序技术中最被广泛应用的平台。

1. 测序数据处理 测序得到的原始测序序列 raw reads（又称为 raw data），里面含有带接头（adapter）的、低质量的 reads。为保证信息分析的质量，必须对 raw reads 进行过滤，得到 clean reads（又称为 clean data），后续分析都基于 clean reads。数据处理步骤如下所示。

1）去除带接头的 reads。

2）去除 N（N 表示无法确定碱基信息）的比例大于 5% 的 reads。

3）去除低质量 reads（质量值 Q≤10 的碱基数占整个 read 的 20% 以上）。

4）获得 clean reads。

2. 测序数据的组装 获得 clean reads 后，使用短 reads 组装软件 Trinity（http://trinityrnaseq.sourceforge.net/）进行转录组的从头组装（*de novo* assembly）。Trinity 软件首先会将具有一定长度 overlap 的 reads 连成更长的片段，这些通过 reads overlap 关系得到的组装片称为 contig。然后，将 reads 比对回 contig，通过 paired-end reads 能确定来自同一转录本的不同 contig 以及这些 contig 之间的距离。Trinity 再将这些 contig 连在一起，最后得到两端不能再延长的序列，称之为 unigene。

组装得到的 unigene，首先使用 Tgicl（http://sourceforge.net/projects/tgicl/files/tgicl%20v2.1/）将其去冗余和进一步拼接，然后再对这些序列进行同源转录本聚类，得到最终的 unigene。最后，再基于 303 个基因的真核数据库（http://busco.ezlab.org/datasets/eukaryota_odb9.tar.gz），使用 BUSCO v. 3.0.2 评估从头拼接转录组的完整性。

3. 数据的注释分析 首先，使用 BLAST（basic local alignment search tool）基本工具中的 blastx（http://blast.ncbi.nlm.nih.gov/Blast.cgi）将 unigene 序列比对到 NR（NCBI non-Redundant Protein Sequences）、Swiss-Prot（A Manually Annotated and Reviewed Protein Sequence Database）、KEGG（Kyoto Encyclopedia of Genes and Genomes） 和 COG（Cluster of Orthologous Groups of proteins）四大蛋白质数据库（evalue<0.000 01），并通过 blastn 将 unigene 比对到核酸数据库 Nt（NCBI Nucleotide Sequences）（evalue<0.000 01），得到与给定 unigene 具有最高序列相似性的蛋白，从而得到该 unigene 的蛋白功能注释信息。其中，KEGG 相关注释利用 KAAS（KEGG Automatic Annotation Server）实现。随后，根据 NR 注释信息，使用 Blast2GO（Blast2GO 2.5.0）得到每个 unigene 的 GO 注释，再使用 WEGO 软件对所有 unigene 做 GO 功能分类统计，从宏观上认识该物种的基因功能分布特征。

4. 差异表达基因鉴定 使用 RSEM（RSEM v1.2.12）工具，以 FPKM 法（fragments per kilobase of transcript per million fragments）计算 unigene 的表达量，见式（2.24）。

$$FPKM=\frac{10^6 C}{NL/10^3} \tag{2.24}$$

式中，设 *FPKM*（A）为 unigene A 的表达量，则 *C* 为唯一比对到 unigene A 的 fragments 数，*N* 为唯一比对到所有 unigene 的总 fragments 数，*L* 为 unigene A 的碱基数。

FPKM 法能消除基因长度和测序量差异对计算基因表达的影响，计算得到的基因表达量可直接用于比较不同样品间的基因表达差异。参照 Audic 等（1997）基于测序的差异基因检测方法，结合 FDR（false discovery rate）筛选两样本间的差异表达基因。在得到差异检验的 FDR 值同时，也根据基因的表达量（FPKM 值）计算该基因在不同样本间的差异表达倍数。

FDR值越小，差异倍数越大，则表明表达差异越显著。使用R语言v3.1中的NOISeq程序包确定对照组和处理组之间的差异表达基因（differentially expressed gene，DEG）。NOISeq基于噪声分布的模型提供统计方法，以识别基因表达数据中的差异表达。当一个基因的|fold-change|≥2.0和probability≥0.8，此基因被鉴定为DEG。根据GO和KEGG功能注释对DEG进行分类。在R语言v3.1（https://www.r-project.org/）中使用phyper进行了GO注释和KEGG途径功能富集分析。使用超几何检验计算*P*-value，为了确保获得相对准确的结果，计算每个*P*-value的错误发现率（FDR）。通常当FDR≤0.01和*P*-value<0.05时，DEGs的富集被认为显著富集。*P*-value计算公式如式（2.25）所示。

$$P\text{-value}=1-\sum_{i=0}^{m-1}\frac{\binom{M}{i}\binom{N-M}{n-i}}{\binom{N}{n}} \tag{2.25}$$

式中，*N*为所有基因中具有pathway注释的基因数目；*n*为*N*中差异表达基因的数目；*M*为所有基因中注释为某特定pathway的基因数目；*m*为注释为某特定pathway的差异表达基因数目；*i*为第*i*个基因。

5. 其他分析

（1）单核苷酸多态性（single nucleotide polymorphisms，SNP）是指在基因组上由单个核苷酸变异形成的遗传标记，其数量很多，多态性丰富。使用GATK v. 3.4软件测定转录组中的SNPs，用于SNP识别的参数中，Fisher精确检验（fisher's exact test，FS）的值>30.0，深度质量（quality by depth，QD）的值<2.0。

（2）简单重复序列标记（simple sequence repeats，SSR）又称为短串联重复序列或微卫星标记，是一类由几个核苷酸（1～6个）为重复单位组成的长达几十个核苷酸的重复序列，长度较短，且广泛均匀分布于真核生物基因组中。由于重复单位的核苷酸不同以及重复次数不完全相同，这造成了SSR长度的高度变异性。使用MISA（微卫星；http://pgrc.ipk-gatersleben.de/misa/misa.html）识别转录组中的简单重复序列，SSR识别标准设置为1-12、2-6、3-5、4-5、5-4和6-4。

（3）转录因子（transcription factors，TFs）是可直接或间接与顺式作用元件相结合，调控靶基因转录效率的一组蛋白质。首先使用getorf（v. EMBOSS：6.5.7.0）检测unigene的开放阅读框（open reading frame，ORF），然后使用hmmsearch v. 3.0将ORF比对到转录因子蛋白结构域数据库Plntf（http://plntfdb.bio.uni-potsdam.de/v3.0/），最后根据PlantfDB描述的转录因子家族（transcription factors family）特征对unigene进行转录因子能力鉴定。

（三）代谢组学研究方法

代谢组学（metabolomics）是继基因组学、蛋白质组学、转录组学后出现的新兴“组学”，本质上是指从整体上对相对分子质量在1000以内的小分子代谢产物进行定性与定量分析的一门科学。代谢产物是基因表达的最终产物，基因和蛋白的微量表达会在代谢产物上得到放大，可以更准确地反馈生物机体的终末信息和表型信息。由于不需要建立全基因测序数据库和大量序列标签数据库，因此代谢组学在数据分析过程中也更加简便。目前，对生物样本代谢产物的检测方法主要有模式识别分析研究方法和由专家系统结合而形成的计算分析研究方法，如质谱（mass spectrum，MS）、气相色谱（gas chromatography，GC）、液相色谱（liquid chromatography，LC）、核磁共振技术（nuclear magnetic resonance，NMR）等。采集代谢组数据的技术平台主要有：氢 / 碳核磁共振（1H,13C-NMR）、气相色谱 - 质谱（GC-MS）、毛细管电泳（capillary electrophoresis,CE）- 质谱（CE-MS）以及液相色谱 - 质谱（LC-MS）等。其中,LC-MS 技术的稳定性与灵敏度均相对较高，可以覆盖到更多的代谢产物，且相比于 GC-MS 更加灵活，适用性也更加广泛，因而成为最广泛使用的检测技术。

1. 代谢组分析策略　LC-MS 的分析策略包括非靶向分析、靶向分析和拟靶向分析 3 种。基于高分辨质谱（high resolution mass spectrum，HRMS）检测技术，非靶向代谢组学可以做到对代谢产物无偏差、高覆盖检测，能够尽可能多地检测到实验样本中的分子特征峰，并通过结合不同的数据库对分子特征峰进行匹配，以尽可能多地鉴定出生物体系中的代谢产物，最大程度反映总代谢产物的信息，因此应用最为广泛。

2. 代谢组数据的质量控制　代谢组易受外界因素干扰且变化迅速，因此数据质量控制（quality control，QC）是保证数据可重复性和准确性的必要步骤。在上机检测前，需要取等量待测实验样本混合制成 QC 实验样本，进样前加入 QC 实验样本用于监测进样前仪器状态并平衡系统。在样本检测中，插入 QC 实验样本可评价整个实验过程中系统的稳定性并进行样本相关性分析。检测结束后，加入 QC 实验样本以对代谢产物定性分析（图 2.3）。

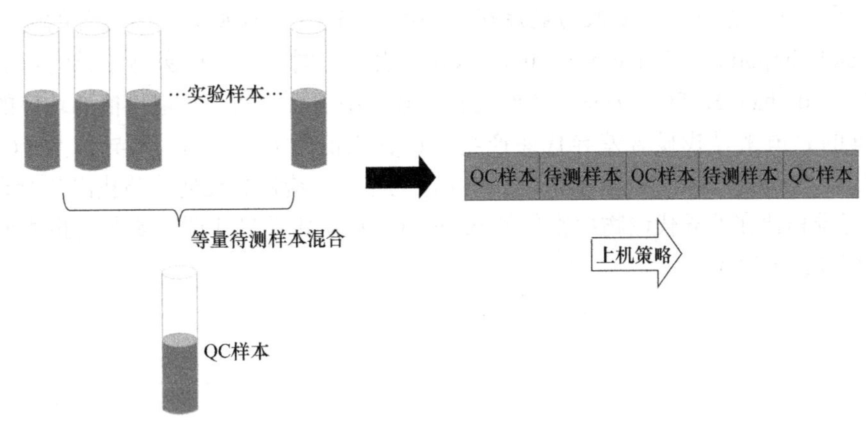

图 2.3　QC 实验样本上机策略

3. 代谢组数据的多元统计分析　统计学在代谢组学中的应用主要表现为分析判断样本的重复性、代谢产物的差异以及进行遗传分析。代谢组学数据具有高纬度且变量间高度相关的特点，传统的单变量分析无法快速准确地挖掘数据内的潜在信息，因此需要运用多元统计分析，包括主成分分析（principal component analysis，PCA）、偏最小二乘法判别分析（partial least squares discrimination analysis，PLS-DA）、相关性分析、回归分析等。

（1）PCA 是将一组可能存在相关性的变量，通过正交换转换为一组线性不相关变量的统计方法，转换后的这组变量即主成分。代谢组数据可以被认为是一个多元数据集，PCA 则可以将代谢产物变量按一定的权重通过线性组合降维，产生新的特征变量，通过主要新变量（主成分）的相似性归类，从总体上反映各组间代谢差异和组内变异度。

（2）PLS-DA 是一种有监督的判别分析统计方法，运用偏最小二乘回归建立表达量与样本类别间的关系模型，实现对样本类别的预测。各比较组的 PLS-DA 模型经过 7 次循环交互检验（7-fold cross-validation）得到模型评价参数（R^2，Q^2），R^2 与 Q^2 越接近 1，表明模型越稳定可靠。对模型进行排序验证以检验模型是否“过拟合”，“过拟合”则说明该模型不适合用来描述样本，也不宜以此数据做后期分析。当 R^2 大于 Q^2，且 Q^2 回归线与 Y 轴截距小于 0 时表明模型未“过拟合”。

4. *代谢产物功能及分类注释* 利用数据库对代谢产物进行功能和分类注释可以了解不同代谢产物的功能及分类情况，主要数据库包括 KEGG、HMDB 和 LIPID MAPS 等。

（1）KEGG（http://www.genome.jp/kegg/）数据库是有关 pathway 的公共数据库，通过 KEGG 富集可以确定代谢产物参与的最主要的生化代谢途径和信号转导途径。

（2）HMDB（Human Metabolome Database，https://hmdb.ca/），是包含有关人体中发现的小分子代谢产物及其生物学作用、生理浓度、疾病关联、化学反应、代谢途径等详细信息的数据库。

（3）LIPID MAPS 是目前世界上最大的公共脂质数据库，对脂质的八大类及其子分类进行注释，每个大类又包含下一级的子分类，八大类分别是：①脂肪酸类（fatty acids，FA）；②甘油脂类（glycerolipids，GL）；③甘油磷脂类（glycerophospholipids，GP）；④鞘脂类（sphingolipids，SP）；⑤固醇脂类（sterol lipids，ST）；⑥孕烯醇酮脂类（prenol lipids，PR）；⑦糖脂类（saccharo lipids，SL）；⑧多聚乙烯类（polyketides，PK）。

5. *差异表达代谢物的鉴定及功能注释* 通过 PLS-DA 模型第一主成分的变量投影重要度（variable importance in the projection，VIP，表示不同分组中代谢物差异的贡献率）和差异倍数（fold change，FC，为每个代谢物在比较组中所有生物重复定量值的均值的比值），结合 T-test 的 P 值来寻找显著差异代谢产物（设置阈值为 $VIP>1.0$、差异倍数 $FC>1.2$ 或 $FC<0.833$ 且 P value<0.05）。将结果以 pathway 为单位，应用超几何检验找出与所有鉴定到的代谢物背景相比在差异代谢物中富集的 pathway，以确定差异代谢物参与的最主要生化代谢途径和信号转导途径。

第三章　我国北方海域海胆的种类和特征

图表摘要（Graphical Abstract）

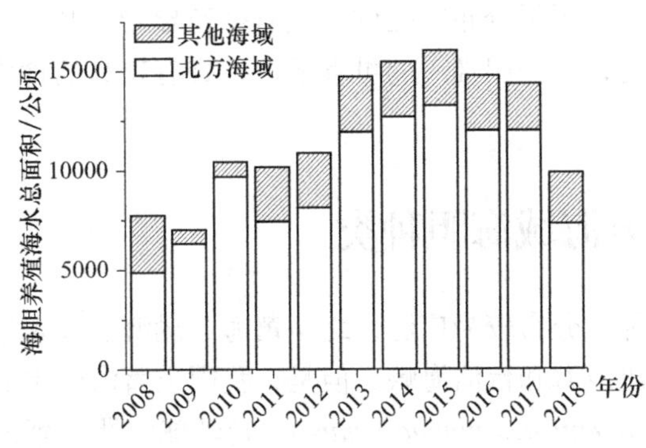

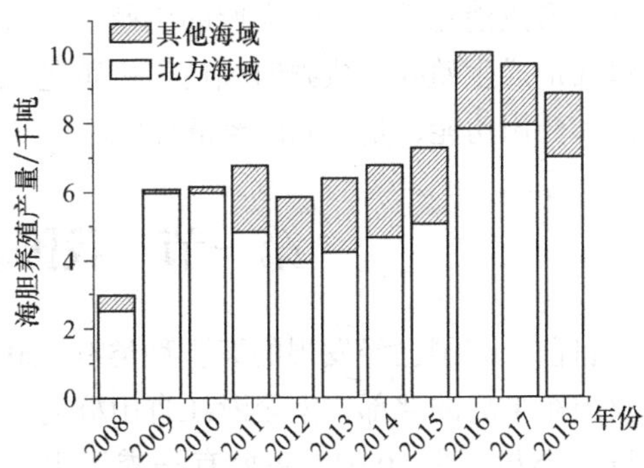

海胆隶属于棘皮动物门（Echinodermata）游在亚门（Eleutherozoa）海胆纲（Echinoidea），是一类分布较广的海洋无脊椎动物，常见于岩质或沙质的浅海海底，因此也被认为是海洋浅海生物的代表性物种之一。同时，海胆也是最早被用于科学研究的模式生物之一，在胚胎发育生物学研究领域占有重要地位。

本章彩图请扫码

（1）海胆的幼体与成体的体制差别较大，幼体期海胆属于双侧对称体制，而到了海胆成体期，其体型则属五辐射对称体制。成体海胆的体外表是石灰质外壳，上面长满可以活动的棘刺，外壳形状多为近半球形，分为背面（反口面）和腹面（口面）。背面相对腹面更为隆起，顶系与肛门多生于背面；腹面较为平坦，甚至内凹，口生于腹面。石灰质外壳表面附有一层薄薄的膜质壳皮，会在特定位置鼓起形成皮鳃，表面生有棘刺。因此，根据海胆外部形态的不同，可以将海胆分为正形目（Centrechinoida）、楯形目（Clypeasteroida）和心形目（Spatangoida）。目前世界上已经发现的海胆化石种类约有7000种，现存种有900多种，隶属于225个属，其中以印度洋和西太平洋海域的种类居多。

（2）海胆幼体与成体的生理结构具有较大差别，因此，根据发育时期的不同，海胆的生理结构可以分为浮游期生理结构和成体期生理结构。

1）浮游期海胆的生理结构主要由腕（arm）、骨针（spicule）、由原肠腔生出的体腔、消化系统等构成，到长腕幼体后期，前庭复合体（vestibular complex）出现，幼体变态后转入底栖生活。

2）成体期海胆的生理结构主要有：壳（test）、棘（spine）、管足（tube foot）、鳃（gill）、口器（又称咀嚼器或亚里士多德提灯，Aristotle's lantern）、肠道（intestine）及生殖腺（gonad）。①海胆壳由许多排列紧密的多角形石灰质小片（壳板）组成，壳板上有方便管足伸缩的管足孔。壳板上有呈圆丘状突起的疣，其上生有可以活动的棘。海胆壳上的疣和管足孔以及壳板的排列方式可作为海胆分类的依据。②海胆的棘的形状大小不一，但大都呈现针形或者棒状结构，某些种类可能变异成其他形状。按照棘的大小长短不同，可以将其分为大、中、小 3 种类型，此外，棘的大小还与底部的疣相对应。③海胆的管足为细长的管状结构，是海胆的吸附、运动、感觉和摄食器官。④鳃是从围口膜伸出来的丛状器官，又称围口鳃，内通体腔液，共 5 对。⑤海胆的口器由 5 个大而尖锐的大齿、5 个大齿骨、若干小齿骨以及与之相连结的肌肉束组成。作为海胆摄取食物以及磨碎食物的工具，在上亿年的进化过程中，海胆牙齿矿化出了独特的多级组织结构，使其具有了优异的力学性能和耐磨性能。⑥口器内与食道相连接，再连到胃、肠，海胆的肠道很长，连接至围肛区的肛门从而开口到体外，形成消化系统。⑦海胆的生殖腺呈五瓣状纺锤形分布在壳内，生有生殖导管，开口于反口面形成生殖孔，成熟时颜色为橙黄色或黄色，是海胆唯一的可食部位，具有较高的食用价值和药用功能，是海胆的经济性状。

第一节　我国北方海域海胆种类

目前，我国已经发现的海胆种类有 100 多种，分布较为广泛，北至黄海、渤海、辽东半岛及山东半岛的北部，南至浙江舟山群岛、福建浅海和台湾海峡。但是，我国土著海胆中的经济种类却不足 10 种，主要有马粪海胆（*Hemicentrotus pulcherrimus*）、光棘球海胆、紫海胆、海刺猬（*Glyptocidaris crenularis*）和白棘三列海胆等。1989 年，原产于日本北海道和俄罗斯远东沿海的经济种——中间球海胆由大连水产学院（现大连海洋大学）引入中国，随后，该海胆的人工繁育、苗种驯化和人工增养殖等系列工作取得突破，现已成为我国北方海域最重要的养殖海胆种类之一。

一直以来，北方海域一直是我国养殖海胆的主要产区，海胆养殖海域面积占全国海胆养殖总海域面积的 60% 以上，在我国海胆养殖产业中占据着主导地位。十几年来，辽东半岛及山东半岛等北方沿海的养殖海胆年均产量占全国养殖海胆总年均产量的 2/3 以上（图 3.1）。

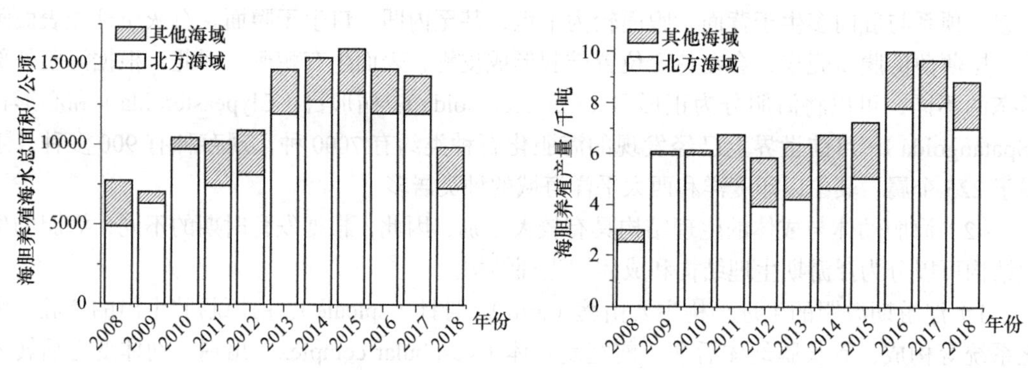

图 3.1　2008～2018 年北方海域海胆养殖的面积及总产量

第二节　我国北方海域养殖海胆的主要特征及繁殖习性

目前，我国北方海域养殖海胆的主要种类有马粪海胆、海刺猬、光棘球海胆和中间球海胆（图 3.2）。其中，马粪海胆的主要养殖海区为山东青岛、荣成等地沿海；海刺猬的养殖海区主要在山东大钦岛及辽宁大连沿海；光棘球海胆和中间球海胆是北方海域养殖规模最大的两个品种，养殖海区广泛分布在辽东半岛和山东半岛沿海。这四种经济海胆种类的增养殖方法主要为海上浮筏养殖、网笼养殖和海底底播增殖。

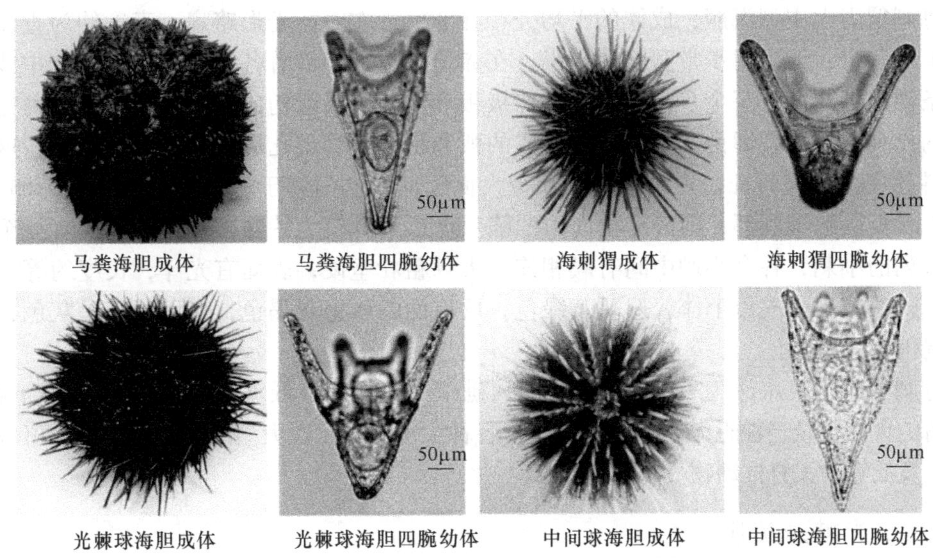

图 3.2　我国北方海域主要海胆的浮游幼体及成体形态

一、我国北方海域养殖海胆的主要特征

（一）马粪海胆

马粪海胆隶属于海胆纲正形目球海胆科（Strongylocentrotidae），是中国及日本沿海的特有种，在中国主要分布于北方的黄渤海，向南可到浙江、福建沿岸，是重要的海胆养殖种类之一。

马粪海胆体呈半球形，壳坚固，反口面低、略隆起，口面平坦，最大直径可达 60mm，高度约等于壳的半径。成体体表面大多呈暗绿色或灰绿色，壳面有棘，大棘短而尖锐，密生于壳的表面。棘的颜色大多为暗绿色，但也有个别个体的棘呈灰褐色、赤褐色、灰白色乃至白色。步带在赤道部几乎和间步带等宽，但间步带区的膨起程度比步带区略高，因而壳形自口面观为接近于圆形的圆滑正五边形。赤道部各步带板上有一个大疣，其内侧有 2 个、外侧有 3～4 个中疣和它排列成不规则的横行，此外各板上还散生着许多小疣。各间步带板上有一个大疣和 5～6 个中疣，另外也散生着多数小疣。顶系隆起较低，第 1 眼板和第 5 眼板与围肛部相接。

马粪海胆通常被认为是草食性动物，主要以海带（*Laminaria japonica*）等褐藻、石莼（*Ulva lactuca*）等绿藻为食。其运动时借助于管足和棘的运动在海底匍匐，管足内的骨片为 C 形，移动范围小。马粪海胆相较于其他养殖海胆而言，具有较高的耐高温能力，适温范围广，在 0～30℃水温下均能存活。

（二）海刺猬

海刺猬隶属于海胆纲正形目疣海胆科（Phymosomatidae），是疣海胆科现存的唯一代表种，主要分布于中国黄海北部及日本海的部分海域。海刺猬是我国北方近海重要的海胆土著种类之一，也称作黄海胆，俗称黄刺锅子、白刺锅子。

海刺猬为大中型海胆，成体的平均壳径在 80mm 左右，壳形略扁，高度约为直径的一半。步带狭窄，约为间步带宽度的一半。在赤道部以上，沿着各步带和间步带的中线，各有一条裸出的间隙，每个步带板由 3 个初级板和 2 个次级板构成。管足孔对的排列是和步带板的排列一致的，即由 3 对管足孔形成的弧和由 2 对管足孔形成的弧交互排列，这是疣海胆科的一个重要特征。顶系较大，筛板大而隆起，肛门偏于右后方，围肛部为卵圆形，仅第 1 眼板接触围肛部，围口部稍向内凹陷。球形叉棘较为特殊，在柄部两侧有一至数个交互排列的小刺，各个小刺中间有膜相连。大棘粗壮坚硬，表面有光泽，长度约等于壳的半径，末端钝扁。成年个体普遍呈黄绿色，反口面的棘呈灰褐色，口面的棘呈灰色，且棘的末端稍带红色。

海刺猬的栖息水深为 10～50m，多为岩礁带等海域，最低可以在−2℃的水温下存活。海刺猬的食性很杂，在近海岩礁带主要摄食各种大型藻类，在大型藻缺乏的海域，可以摄食腐屑以及低等的无脊椎动物。

（三）光棘球海胆

光棘球海胆俗名大连紫海胆，隶属于海胆纲正形目球海胆科。光棘球海胆主要分布于西北太平洋沿岸，也是中国北方重要的经济海胆种类之一，在我国主要分布于山东及辽东半岛。其性腺含有丰富的蛋白质和脂质等，其中性腺脂肪酸不饱和度高，具有降血脂、抗血栓、抗动脉粥样硬化等预防心血管疾病的功效，其制品海胆酱被日本人称为“云丹”，为高级海珍滋补品之一。

光棘球海胆外壳呈半球形，壳高略大于壳径的二分之一，最大壳径可达 100mm，口面平坦，围口部稍向内凹；反口面比较隆起，顶部呈圆弧形。步带区与间步带区幅宽不等，赤道部以上的步带幅宽约为间步带的三分之二，步带至口面逐渐展宽，围口部周围的宽度可等于甚至略宽于间步带。成体表面以及大棘呈现黑紫色，管足呈现紫色或者紫褐色；大棘粗壮呈针形，表面有纵向刻痕，最长可达 30mm 以上。赤道部附近的每片步带板上有大疣 1 个、中疣 2～4 个、小疣若干；间步带板上有大疣 1 个、大小不等的中疣和小疣 15～22 个，中疣和小疣呈半环状排列在大疣上方以及两侧，大疣的基部生有疣轮。顶系稍微突起，第 1 眼板和第 5 眼板与围肛部近圆形，肛门略偏于后方。管足孔的排列方式每 6～7 对构成一个弧，管足内骨片呈 C 形。成体光棘球海胆属于大中型海胆，成熟季节性腺色泽为淡黄色至橙黄色，品质较好。

光棘球海胆多群居，不喜强光，喜欢栖息于温冷岩石海域或高盐水域且藻类丰富的岩石海底，栖息水深一般为 10～30m，从幼体到成体随藻类的多少在潮下带至潮间带回归迁移运动，有明显的季节迁移行为。光棘球海胆主要以藻类为食，偶尔也会摄食附着性贝类以及鱼类，在水温为 10～25℃时，摄食最为活跃。在水温高于 7 ℃时，其摄食的多少跟水流流速有关，当水流流速高于 20cm/s 时，停止摄食。

（四）中间球海胆

中间球海胆又称虾夷马粪海胆，隶属于海胆纲正形目球海胆科。中间球海胆原产于日本北海道和俄罗斯的远东等地的沿海，1989 年由大连水产学院（现大连海洋大学）引进中国，目前已经成为我国最主要的海胆养殖种类，也是目前我国产值最高的经济海胆种类，主要养殖于辽宁大连和山东半岛等北方沿海地区。

中间球海胆外壳呈低半球形，壳高略低于壳径的二分之一，体型中等，成体最大壳径可达 90mm，口面平坦稍向内凹；反口面比较隆起，顶部较为平坦。步带区与间步带区幅宽不等，赤道部以上的步带幅宽约为间步带的三分之二。成体表面的色泽差异较大，有绿褐色和黄褐色不等，大棘呈针形，多而尖锐，长度 5～8mm。成体中间球海胆属于中型海胆，成熟季节性腺色泽为淡黄色至橙黄色，味道鲜美，营养丰富，含有较高的氨基酸、多糖及高度不饱和脂肪酸，有较高的食用和药用价值。

中间球海胆属于温带种类，适宜温度在－2～25 ℃，在水温 15 ℃时最为活泼，在水温超过 23℃时会出现死亡。中间球海胆多以藻类为食，幼龄期主要摄食硅藻类，体长超过 10mm 后主要摄食海带等大型藻类。

二、我国北方海域养殖海胆的繁殖习性

（一）马粪海胆

马粪海胆为雌雄异体，繁殖方式为有性生殖，于每年 3 月开始成熟。到 4 月中下旬，海胆性腺成熟度最好。马粪海胆的卵径为 110～120μm，胚胎发育过程中，水温控制在 15～19℃较为适宜，受精率可达 90% 以上。马粪海胆胚胎的囊胚为典型的腔囊胚，到囊胚后期，胚胎表面遍生纤毛。发育至棱柱幼体时，幼体大小为 160μm 左右，此时体腔由原肠腔生出，属于典型的腔生体腔。在长腕幼体时期，口后腕随着口后针的加长而成为最长的一对腕，且依次生出前侧腕、口前腕以及后背腕，根据幼体腕的数目可将该时期幼体细分为两腕幼体、四腕幼体、六腕幼体和八腕幼体。幼体的培育水温控制在 16～20℃时成活率较高。受精后的 18～20d，八腕幼体前部出现原基，且腕逐渐萎缩，之后变态发育为稚海胆。变态后的马粪海胆壳径为 460mm 左右。马粪海胆早期幼体主要以单胞藻类为食，变态为稚海胆后转食底栖硅藻。

（二）海刺猬

海刺猬的繁殖旺季在 4 月中下旬，同马粪海胆一样，海刺猬为雌雄异体，繁殖方式为有性生殖。海刺猬的发育以及各个组织器官出现的顺序与马粪海胆相类似。值得注意的是，海刺猬的四腕幼体整体上呈矮宽形，区别于马粪海胆及中间球海胆的长尖形，骨针的后口腕部分长于骨棒部分，骨针间距较大。此外，在水温低于 12.2℃时，海刺猬的胚胎不能发育至棱柱幼体，最适的孵化水温在 15.5℃左右。

（三）光棘球海胆

光棘球海胆为雌雄异体，雄性个体性腺成熟早于雌性，于 6 月开始成熟。到 8 月份中

旬，海胆性腺成熟度最好。在 20～26℃水温中，光棘球海胆进入产卵季节，且个体越大，性成熟越早。光棘球海胆的卵径为 106μm 左右，黄色受精膜举起后，光棘球海胆的卵径为 128μm，一直到孵化大小基本不变；发育至囊胚期，胚胎体积变大，囊胚腔明显出现，光棘球海胆的囊胚腔较窄一些；在四腕幼体时期，有背走针，体针在后端部弯向内侧，棘突出，腕的后端有角后口针里无穴，腹横针发达，在中央部接合；变态后的光棘球海胆壳径为 350～400mm。

（四）中间球海胆

中间球海胆于 9 月开始成熟，到 10 月份中旬，海胆性腺成熟度最好。其繁殖方式为有性生殖，在人工催产后，雌雄海胆同时产出配子进行受精。受精后海胆的发育主要受到水温影响，水温在 15.2～18.5℃时较为适宜。受精后的早期发育过程与马粪海胆、海刺猬、光棘球海胆等类似。中间球海胆的卵径为 90μm 左右，橙色，其卵径较小，受精膜举起后，中间球海胆卵径在 117μm 左右，一直到孵化大小基本不变。发育至桑葚期后中间球海胆的细胞层略厚，囊胚腔较宽，囊胚的原口侧变平，呈栗子形；发育至四腕幼体期，骨针几乎为直线，后端部增大为棍棒状，无棘，由于 2 支体针的前端部几乎接触到一起，故中间球海胆的后端部多呈圆锥状；变态后的中间球海胆壳径为 320～360mm。

第四章 海水酸化对海胆早期发育的影响

图表摘要（Graphical Abstract）

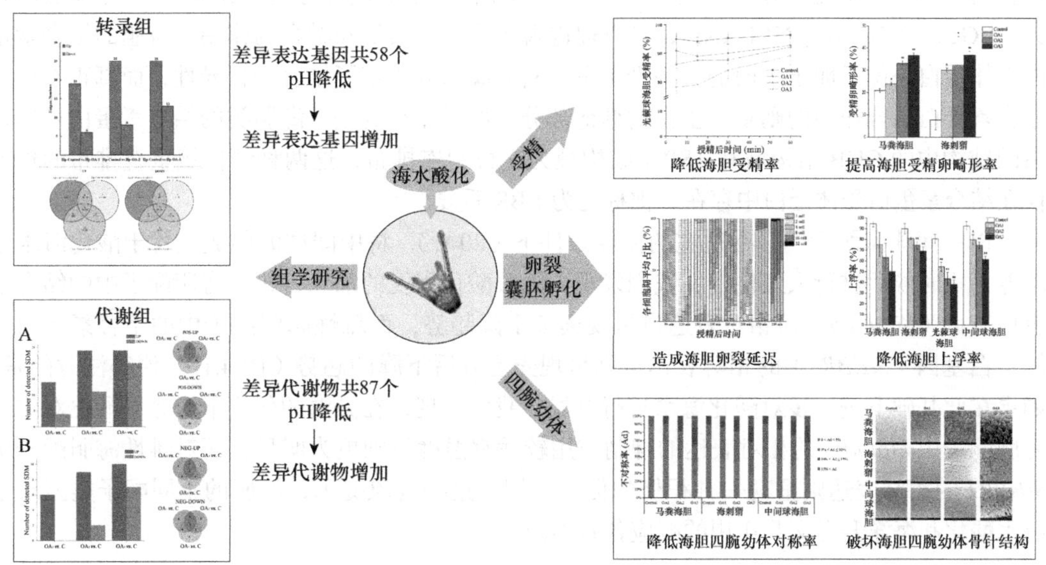

本章彩图请扫码

海胆的早期发育可大致分为胚胎发育、浮游幼体以及匍匐变态三个阶段。其中，配子的准确识别和融合是胚胎发育的起点；胚胎的正常发育则是进入浮游幼体阶段的基础和保障；此外，浮游幼体阶段又是关联胚胎发育和匍匐变态两个阶段的关键环节。有研究表明，海胆在其胚胎发育和浮游幼体发育阶段对于环境因子（温度、pH 和盐度等）的变化最为敏感，若在这两个时期的生长发育受到影响，日后该物种群落的地理分布、种群数量、遗传多样性以及环境适应能力等将会受到复杂而深刻的影响。对经济海胆而言，早期发育的健康与否将直接影响海胆日后的出苗率和海胆成体的产量，进而影响海胆产业和渔业经济的发展。本章将以我国北方主要海胆种类为例，重点介绍海水酸化对海胆早期发育的影响。

第一节 海水酸化对海胆受精的影响

配子的正确识别和融合成为合子（受精卵），是生命个体发育开始的起点和基础环节。海胆的配子排放、识别以及融合过程均发生在海水当中。在开放水体中，同种配子之间的精准识别是体外受精成功的关键，也是保障物种独立性和稳定性的基础和前提，因此，海水的理化参数（主要是温度和 pH）被认为是影响海胆受精过程以及受精质量高低的重要因素之一。

一、海水酸化对海胆配子识别的影响

配子识别蛋白是一类能够保证同种配子准确识别和快速融合的生物大分子，在体外受

精生物中发挥生殖隔离的关键作用。海胆精子中的配子识别蛋白被称为结合素，是一种不溶性的凝集素样颗粒物质，特异性地分布于海胆精子的顶体中，可以特异性地识别同种海胆的卵子表面的糖蛋白受体（egg receptor for bindin，EBR），具有帮助精子黏附于卵子、促进精卵的识别和融合的作用。海胆配子表面的结合素蛋白及其受体蛋白的含量及功能是决定海胆体外受精能否成功的关键因素之一。虽然，不同种类雄性海胆的结合素蛋白都存在不同程度的种属差异性，但是，在它们的蛋白序列中都存在一个高度保守的"B18 区"（氨基酸序列为：LGLLLRHLRHHSNLLANI），具有促进磷脂质膜的聚集和融合的作用。海胆的结合素蛋白受体蛋白是位于卵子表面的一种糖蛋白，其多肽部分决定了结合的特异性，而真正发挥与结合素蛋白结合作用的则是该蛋白的糖链部分。值得注意的是，海胆类的结合素蛋白受体蛋白的结构中的 CUB 结构域和 TSP-1 结构域为交替相连排布，这两种结构域重叠排布的现象仅在结合素蛋白受体蛋白中存在，被称之为 EBR 重复。

以中间球海胆为例，在适宜的温度条件下（20℃），将中间球海胆成体置于酸化海水中培养一段时候后进行人工催产，我们发现，随着酸化程度的加深，雄性海胆配子中的结合素蛋白基因（*Sibindin*）的相对表达量呈现逐渐下降趋势，而雌性海胆配子中的结合素蛋白受体蛋白基因（*SiEBR1*）的相对表达量则呈现先上升后下降的趋势（图 4.1）。值得注意的是，如果在此基础上进一步对酸化海水进行升温，我们发现，在升温的作用下，海水酸化对雄性海胆配子中 *Sibindin* 的相对表达的抑制作用较适宜温度下则更为明显，而对雌性海胆配子中 *SiEBR1* 的相对表达则呈现一种积极的促进作用。这些现象提示，海胆的不同配子类型对于海水酸化和海洋升温交互作用的响应各有不同。

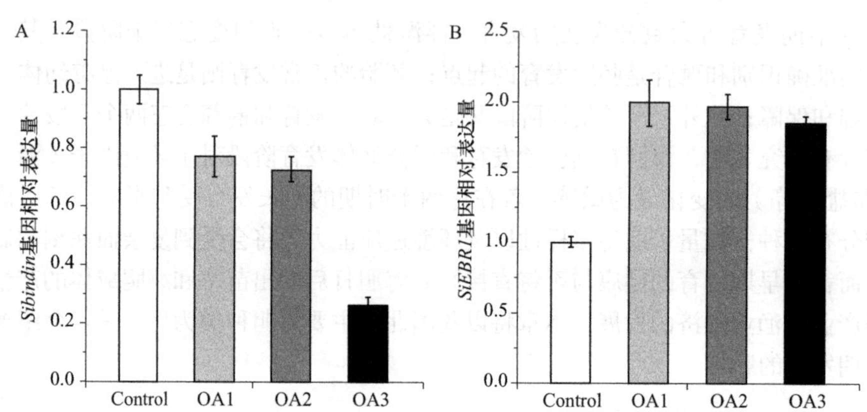

图 4.1 海水酸化对中间球海胆配子中 *Sibindin* 和 *SiEBR1* 表达的影响

A 为 *Sibindin* 基因的表达情况；B 为 *SiEBR1* 基因的表达情况；Control：自然海水 pH；OA1：ΔpH＝－0.3 个单位；OA2：ΔpH＝－0.4 个单位；OA3：ΔpH＝－0.5 个单位；误差线为标准偏差（n=3）

二、海水酸化对海胆受精率的影响

受精率的高低是衡量海洋生物是否能够形成正常胚胎的指标之一。研究显示，海水酸化对海胆受精率的影响具有比较鲜明的种属特异性。例如，海水酸化几乎并不影响热带海胆——紫海胆和温带海胆——黑海胆（*Arbacia lixula*）的受精率，但是却可以显著降低海胆 *Heliocidaris erythrogramma* 和绿球海胆的受精率。

马粪海胆、海刺猬、光棘球海胆和中间球海胆均属于寒温带海胆种类。在研究海水酸化对这四种海胆受精率的影响中，我们发现，海水酸化对海胆受精率的影响既存在比较明显的科内差异也存在鲜明的科间差异。整体上来说，海水酸化并未对同属于球海胆科的马粪海胆、光棘球海胆和中间球海胆的受精率产生显著影响，但是在不同海水酸化条件下，三种海胆的受精率曲线则呈现出了较为明显的差异。与对照组相比，酸化处理组马粪海胆的受精率在取样的各个时间点均处于较高水平（受精率>90%），其受精率曲线为比较平直的直线，而光棘球海胆和中间球海胆的受精率则呈现出一种随着受精时间的延长先呈线性升高，当达到较高水平（受精率>90%）而趋于平直的“曲线”（图 4.2）。分析这种同科内海胆受精率曲线差异的原因，可能是受到不同海胆的栖息环境的影响：马粪海胆在我国海域主要分布于环境变化波动比较剧烈的潮间带地区，而光棘球海胆和中间球海胆则生活于（被养殖于）环境比较稳定的潮下带区，受环境选择压力的作用，马粪海胆的配子抗逆性和配子识别能力均高于生活于（被养殖于）潮下带的光棘球海胆和中间球海胆。

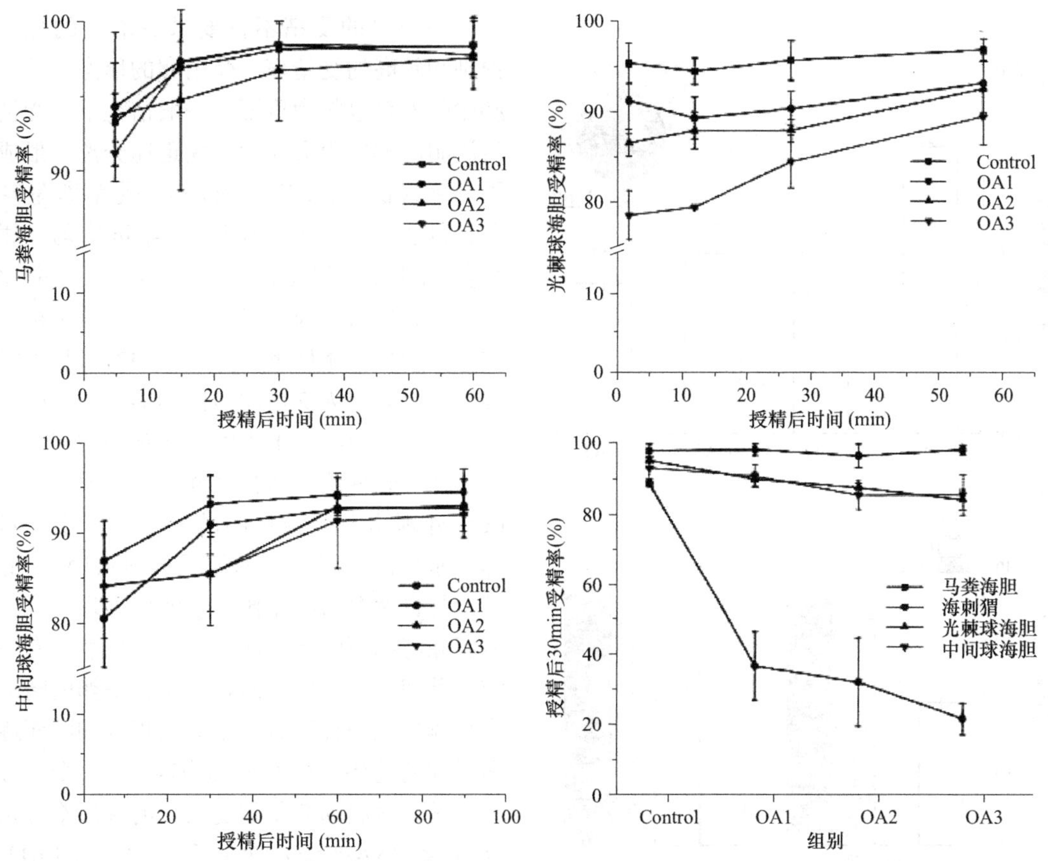

图 4.2　海水酸化对我国北方四种海胆受精率的影响

Control：自然海水 pH；OA1：ΔpH=−0.3 个单位；OA2：ΔpH=−0.4 个单位；OA3：ΔpH=−0.5 个单位；误差线为标准偏差（n=3）

作为疣海胆科现存的唯一种类——海刺猬的受精对海水酸化表现得尤为敏感，与对照组相比，酸化处理组海刺猬的受精率在取样的各个时间点均呈现一种随海水酸化程度增加而显著降低的趋势，在授精后的 30min，各酸化处理组海刺猬的受精率分别低至 36.79%±9.69%（ΔpH=−0.3 个单位）、32.17%±12.56%（ΔpH=−0.4 个单位）和 21.70%±4.60%（ΔpH=−0.5 个单位）。此外，与马粪海胆、光棘球海胆和中间球海胆三种球海胆科海胆相比，各酸化组海刺猬（疣海胆科）的受精率在授精后 30min 时均显著低于球海胆科海胆，呈现出比较鲜明的科间特异性。

值得注意的是，从垂直分布来看，在我国分布的马粪海胆、海刺猬、光棘球海胆和中间球海胆四种海胆的栖息水深由浅到深为马粪海胆＜中间球海胆≤光棘球海胆＜海刺猬，而海水酸化对上述四种海胆受精率的影响从低到高为马粪海胆＜中间球海胆＜光棘球海胆＜海刺猬。这些结果提示，栖息水深越深的海胆种类的受精率越易受到海水酸化的影响，因此海水酸化对海胆受精率的影响可能与海胆的栖息水深，以及环境波动变化频率和程度也有着密切关系。

三、海水酸化对海胆受精卵形态的影响

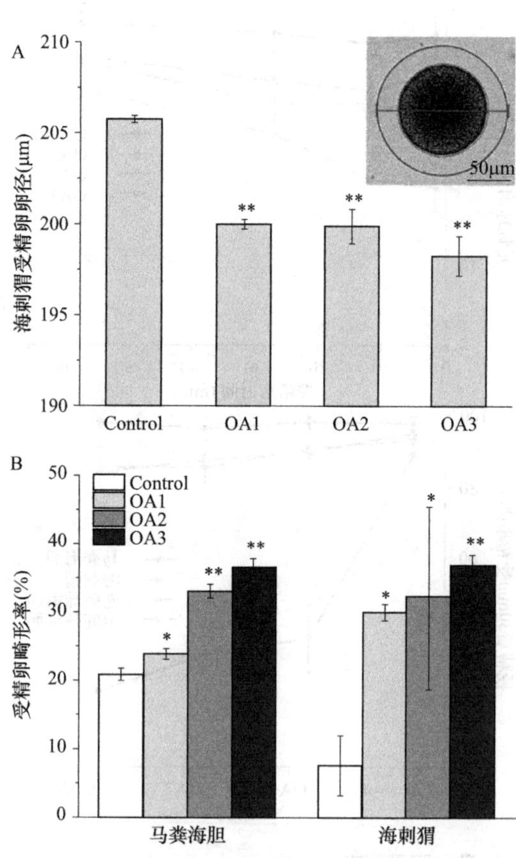

图 4.3　海水酸化对海胆受精卵形态的影响

A 为海刺猬受精卵的卵径情况；B 为马粪海胆和海刺猬受精卵畸形率情况；Control：自然海水 pH；OA1：ΔpH=−0.3 个单位；OA2：ΔpH=−0.4 个单位；OA3：ΔpH=−0.5 个单位；*P<0.05 表示与自然海水组相比差异显著；**P<0.01 表示与自然海水组相比差异极显著；误差线为标准偏差（n=3）

高质量的受精不仅要求有准确的配子识别和较高的受精率，受精卵的形态对后续胚胎的发育也颇为重要。一般情况下，受精后海胆的卵质膜会与卵黄膜迅速分离，形成围卵腔（perivit-elline space），受精卵呈球形，外被一层透明的卵膜，卵黄均匀，属均黄沉性卵。但是，当海胆的受精在酸化海水中完成时，我们发现，与自然海水组相比，不同酸化条件下畸形受精卵数目显著增加，主要表现为受精卵呈椭圆形或不规则形状，卵黄膜粗糙、不光滑，卵黄不均匀。进一步通过软件测量卵径尺寸，我们发现，各酸化处理组海胆受精卵的卵径显著小于自然海水组海胆受精卵的卵径（图 4.3A）。此外，与自然海水组相比，各酸化处理组马粪海胆和海刺猬的受精卵的畸形率虽然具有一定的种间差异，但是两种海胆受精卵的畸形率总体呈现一种随着海水酸化程度加深而逐渐增加的趋势。当海水 ΔpH=−0.5 个单位时，马粪海胆和海刺猬受精卵的畸形率分别高达到 36.63%±1.17% 和 36.85%±1.61%（图 4.3B）。分析其原因，可能是海水 pH 介导的离子浓度波动影响了受精卵的离子调节能力，导致受精卵由于内外渗透压的改变而呈现不同程度的畸形。此外，我们发现，海水酸化并未对马粪海胆的受精率产生显著影

响但却能显著增加其受精卵的畸形率，这一结果提示，在评估海水酸化对海洋生物受精过程的影响时不能仅衡量受精率的高低，还应综合考虑受精卵畸形率的高低。

第二节 海水酸化对海胆卵裂与囊胚孵化的影响

一般情况下，海胆的受精卵会以辐射对称卵裂的细胞分裂方式将卵细胞质分割成许多较小的、有核的细胞——卵裂球（blastomere），伴随着受精卵的快速分裂，细胞数目不断增加和压缩，胚体逐渐中空形成一个囊状结构——囊胚（blastula）。随后，在离子转运作用下，囊胚腔内离子浓度逐渐增加，水分通过渗透作用进入囊胚腔内，这种由于囊胚腔内液体的积累形成的静水压是参与形成和维持囊胚正常形态的重要动力之一。受精卵经卵裂（cleavage）由多细胞发育至囊胚期，称为前期胚胎发育阶段，是所有生物早期发育的一个重要阶段。海水是海胆的前期胚胎发育的媒介，因此，海水参数的变化对海胆的前期胚胎发育的影响不容忽视。

一、海水酸化对海胆卵裂模式和速度的影响

辐射对称型卵裂（radial symmetrical type）是最简单的卵裂形式，是海胆类受精卵特有的分裂方式。在卵裂时，卵裂面与卵子的动植物轴平行或垂直，卵裂沟将卵裂球分成对称的两半。然而，当海水 pH 降低即发生海水酸化时，我们发现，海水酸化会显著影响海胆受精卵的辐射对称卵裂模式，具体表现为非对称性不均一卵裂；而且，随着海水酸化程度的加深，以这种非对称性不均一卵裂方式进行卵裂的受精卵的数目呈逐渐升高趋势（图 4.4）。

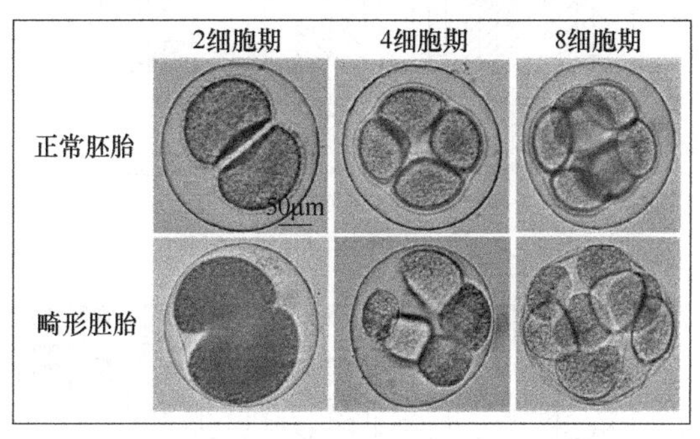

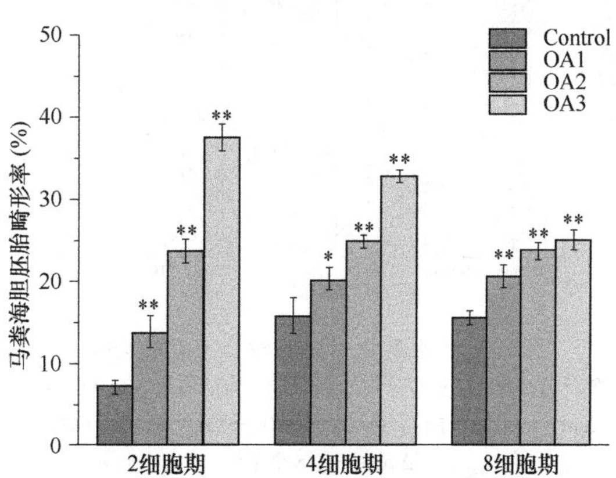

图 4.4 海水酸化对马粪海胆胚胎形态的影响

Control：自然海水 pH；OA1：ΔpH＝－0.3 个单位；OA2：ΔpH＝－0.4 个单位；OA3：ΔpH＝－0.5 个单位；*P<0.05 表示与自然海水组相比差异显著；**P<0.01 表示与自然海水组相比差异极显著；误差线为标准偏差（n=3）

受精卵的快速分裂和卵裂球细胞快速增殖是后期形态发生中细胞重排、胚层和器官原基形成以及胚体体形塑造的基础条件。研究显示，卵裂的速度除了与遗传因素和卵质有关系外，还与外界环境条件息息相关。在适宜的海水条件下，马粪海胆、光棘球海胆和中间球海胆由受精卵（1 细胞期）至多细胞（8 细胞期）的时间分别为授精后 240min、180min 和 180min，而在海水酸化条件下，这三种海胆的卵裂出现延滞现象，卵裂速度也均呈现不同程度的减缓。具体而言，当海水 ΔpH＝－0.3 个单位时，马粪海胆、光棘球海胆和中间球海胆由受精卵（1 细胞期）至多细胞（8 细胞期）的时

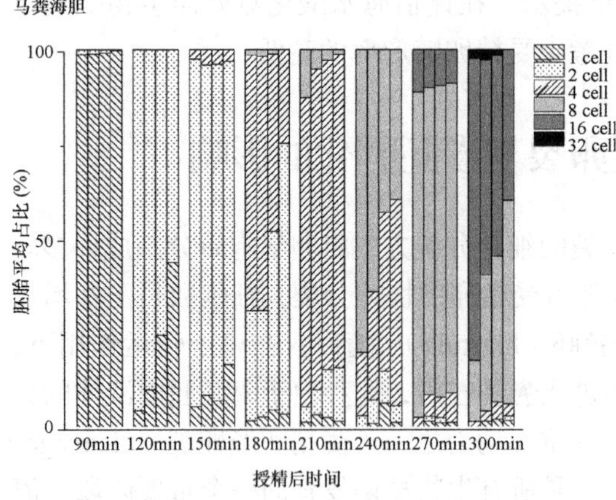

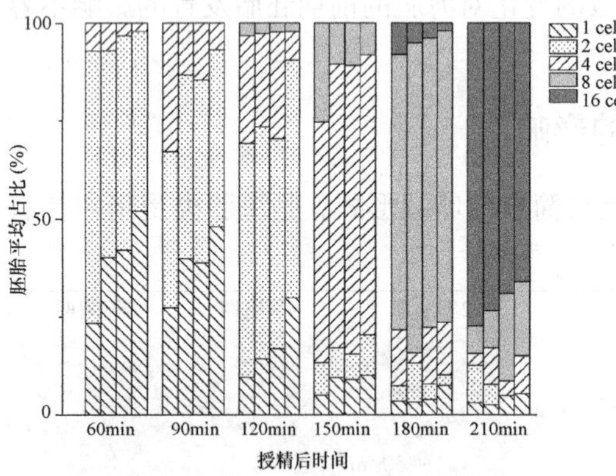

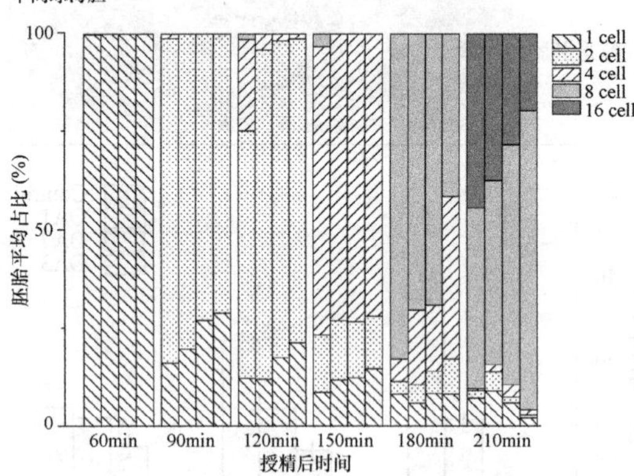

图 4.5 海水酸化对海胆卵裂速度的影响

各时间点内由左至右分别为 Control：自然海水 pH；OA1：ΔpH＝－0.3 个单位；OA2：ΔpH＝－0.4 个单位；OA3：ΔpH＝－0.5 个单位

间分别为授精后 240min、180min 和 180min，并未出现卵裂延滞现象，但是这三种海胆受精卵的卵裂速度减缓程度由低到高为光棘球海胆＜中间球海胆＜马粪海胆。当海水 ΔpH＝－0.4 个单位时，马粪海胆由受精卵（1 细胞期）至多细胞（8 细胞期）的时间为授精后 270min，与正常海水条件下的发育时间（授精后 240min）相比出现了较为明显的卵裂延滞现象，而光棘球海胆和中间球海胆在此条件下并未出现卵裂延滞现象，且三种海胆受精卵的卵裂速度减缓程度由低到高为光棘球海胆＜中间球海胆＜马粪海胆。当海水 ΔpH＝－0.5 个单位时，马粪海胆和中间球海胆由受精卵（1 细胞期）至多细胞（8 细胞期）的时间分别为授精后 270min 和 210min，与正常海水条件下的发育时间相比均出现了 30min 的卵裂延迟现象，而光棘球海胆在此条件下并未出现卵裂延滞现象，且三种海胆受精卵的卵裂速度减缓程度由低到高为光棘球海胆＜中间球海胆＜马粪海胆（图 4.5）。

综合这些结果可以发现，海水酸化对以上三种海胆受精卵的卵裂均产生了一定的作用，但作用程度和趋势却各有特点。相较之下，光棘球海胆受到的卵裂延迟作用在各酸化处理程度下均较轻微，并未出现显著性差异；中间球海胆的卵裂延迟在低酸化程度（ΔpH＝－0.3 个单位）下较为轻微，但会随海水酸化程度的加深而加重，在高酸化程度（ΔpH＝－0.5 个单位）下重度延迟；马粪海胆在各酸化程度下产生的卵裂延迟效果始终较重。总体上马粪海胆的卵裂更易受到海水酸化的影响，其次是中间球海胆，光棘球海胆的卵裂则最不易受海水酸化的影响。这种种间差异与受精恰好相反，表现为栖息地水深越深，则越不易受海水酸化的影响。

二、海水酸化对海胆囊胚孵化的影响

受精卵经前期胚胎发育成为具有中空体腔的囊胚，随着囊胚的发育，胚体外逐渐生出纤毛，发育成为具备游动能力的纤毛囊胚而开始上浮。纤毛囊胚标志着海胆幼体获得了自由游动的能力，在海胆养殖生产实践中，囊胚孵化率（blastular hatching rate）俗称上浮率，是衡量和评估养殖海胆成活率和出苗率的重要指标之一。因此，海胆囊胚的孵化率在海胆个体发育、群体规模维持以及养殖生产中均具有十分重要的意义。

在适宜海水条件下，马粪海胆、海刺猬、光棘球海胆和中间球海胆的囊胚孵化率范围分别为 94.67%±2.91%、90.00%±4.91%、80.67%±4.16% 和 92.67%±4.05%，而在海水酸化条件下，这四种海胆的囊胚孵化率的变化虽然呈现出一定的种属特异性，但是总体上而言呈现出一种随海水酸化程度加深而逐渐下降的趋势（图 4.6）。具体而言，当海水 ΔpH＝－0.3 个单位时，四种海胆的囊胚孵化率分别降低至 75.33%±11.33%（马粪海胆）、80.89%±1.02%（海刺猬）、54.67%±4.16%（光棘球海胆）和 79.78%±4.82%（中间球海胆），其中以中间球海胆和光棘球海胆的囊胚孵化率受海水酸化影响最为严重。当海水 ΔpH＝－0.4 个单位时，四种海胆的囊胚孵化率分别降低至 63.11%±13.36%（马粪海胆）、74.67%±3.71%（海刺猬）、43.33%±6.11%（光棘球海胆）和 74.67%±3.06%（中间球海胆），其中马粪海胆的囊胚孵化率受海水酸化影响最轻。当海水 ΔpH＝－0.5 个单位时，四种海胆的囊胚孵化率分别降低至 50.00%±15.87%（马粪海胆）、69.11%±4.00%（海刺猬）、38.00%±4.00%（光棘球海胆）和 61.33%±3.06%（中间球海胆），四种海胆的囊胚孵化率均受到海水酸化的严重影响。比较四种海胆的囊胚孵化率，受海水酸化影响程度由低到高为马粪海胆＜海刺猬＜中间球海胆＜光棘球海胆。

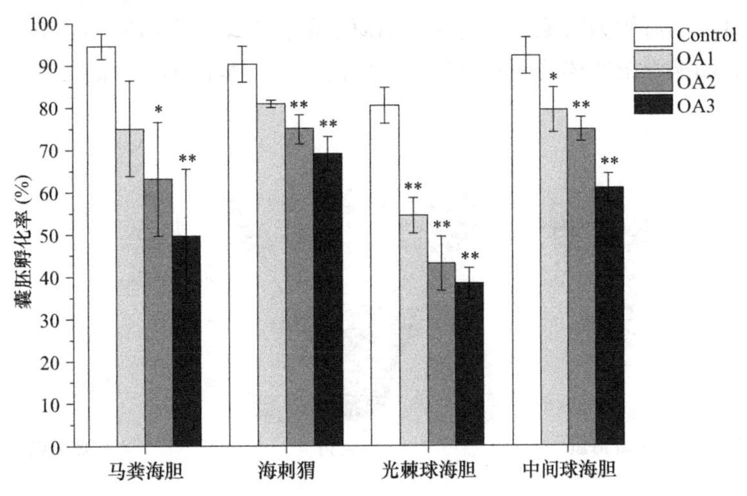

图 4.6　海水酸化对四种海胆囊胚孵化率的影响

Control：自然海水 pH；OA1：ΔpH＝－0.3 个单位；OA2：ΔpH＝－0.4 个单位；OA3：ΔpH＝－0.5 个单位；$^{*}P<0.05$ 表示与自然海水组相比差异显著；$^{**}P<0.01$ 表示与自然海水组相比差异极显著；误差线为标准偏差（$n=3$）

综上可以看出，海水酸化对海胆囊胚孵化的影响在各个海胆物种中均表现出很高的相似性，但仍存在一定程度的差异。这种差异主要表现为这些影响随海水酸化程度加深而增强的程度不同。因此，虽然海水酸化会显著地降低海胆囊胚孵化的成功率，但即使酸化水平相同，对不同海胆物种的危害大小也不尽相同。众所周知，囊胚孵化率是海胆养殖业中保证生产的重要指标，也是野生种群维持规模的关键因素。海水酸化对不同海胆种类的囊胚孵化率的影响，一方面提示我们，随着海水酸化进程的推进，海胆物种的种群规模和产业健康情况将面临前所未有的挑战，同时也进一步证实海水酸化对海胆早期发育过程的影响是全面而复杂的。因此，在评估海水酸化对海洋生物早期发育阶段的影响时，我们要全面、系统地从多个方面进行综合考量，只有这样才能制定出更为合理和科学的应对策略和方案。

第三节　海水酸化对海胆浮游幼体发育的影响

海胆的纤毛囊胚在孵化上浮后就进入了浮游幼体期，浮游幼体期是海胆早期发育历时最长的一个阶段。在这个阶段，海胆幼体的形态为非常明显的左右对称体制，在含有 V 形消化管的身体的两侧生有一定数目的左右对称的突起——腕，腕内的钙化骨骼——骨针是这一时期海胆幼体体内唯一起支撑作用的骨架结构。近一个多世纪以来，海胆浮游幼体的双侧对称体制和骨针生物钙化过程一直是发育生物学和生物钙（矿）化作用研究领域的热点方向。

一、海水酸化对海胆浮游幼体形态的影响

海胆自棱柱幼体进一步发育，逐渐进入长腕幼体阶段。棱柱幼体口叶的弧形前端逐渐变为平面，而在口叶的相对面，则生出第一对左右对称的腕，随后其口叶由平面逐渐变为凸起，同时从顶端再生出一对腕，此时的海胆幼体有两对腕，因此称为四腕浮游幼体。由于处于四腕浮游幼体期的海胆具有非常明显的对称体制、浮游周期较长且钙化骨针的结构非常明显，易于在显微镜或解剖镜下进行形态学的观察和测量，因此目前国内外大多数研究均以四腕浮游幼体时期的海胆为对象，研究和评估海水酸化对幼体期海胆的影响。通常情况下，发育正常的海胆四腕浮游幼体的两对腕以及腕内的骨针均呈两侧对称的形态，且长度大致一致（图 4.7）。

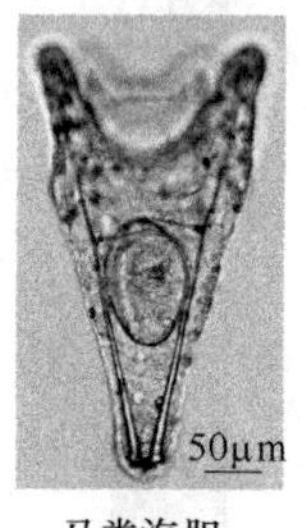

马粪海胆

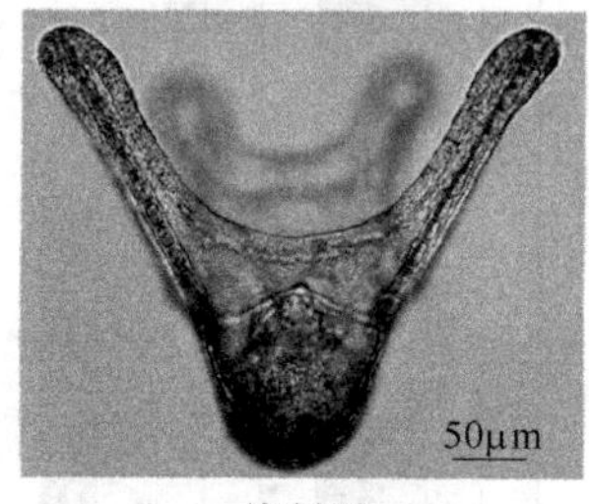

海刺猬

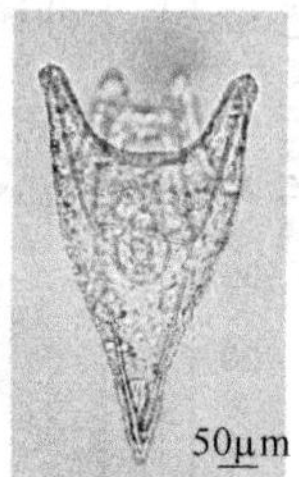

中间球海胆

图 4.7　3 种海胆四腕浮游幼体的形态

（1）当海水 pH 下降，海水酸化发生时，不同海胆四腕浮游幼体的形态均不同程度地发生了改变（图 4.8），主要表现为海胆四腕浮游幼体的对称体制发生改变，不对称浮游幼体的数量随海水酸化程度的加深而逐渐增多，且个体不对称程度也呈现一种依赖于海水 pH 降低而线性提高的趋势。由于海胆浮游幼体的结构相对简单，仅由一层透明的“膜”（cuticle）将简单的消化系统和钙化骨针“包裹”而成，因此作为支撑海胆形态的唯一骨架结构——骨针的对称性就成为浮游幼体双侧对称体制的决定性因素。通过软件测量发现，马粪海胆、海刺猬和中间球海胆的四腕浮游幼体体制对称性的缺失，是由浮游幼体个体双侧骨针长度的不同引起的（图 4.9）。通过不对称率对海胆双侧骨针差异进行定量研究发现，在自然海水组中，

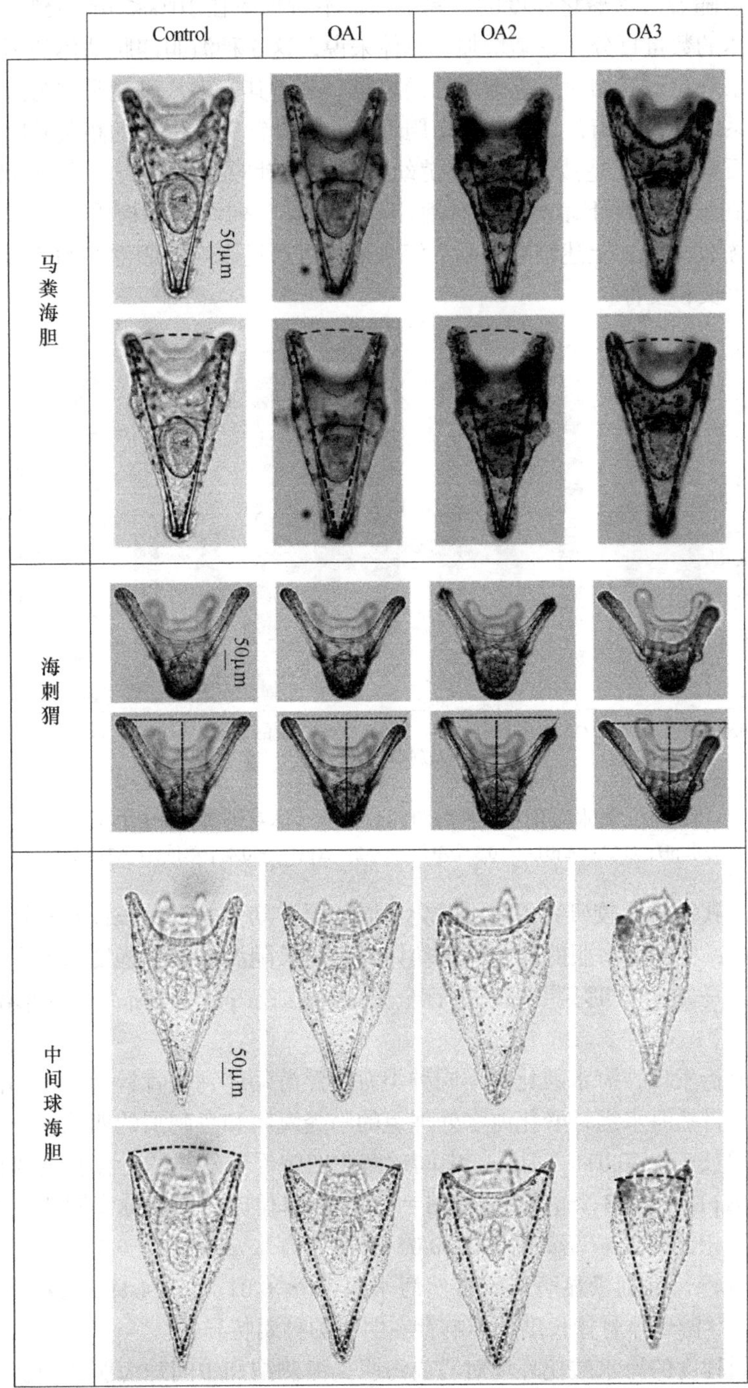

图 4.8 海水酸化对 3 种海胆四腕浮游幼体形态的影响

Control：自然海水 pH；OA1：ΔpH=－0.3 个单位；OA2：ΔpH=－0.4 个单位；OA3：ΔpH=－0.5 个单位；红色线段部分表示四腕幼体体制对称缺失

马粪海胆、中间球海胆和海刺猬四腕幼体的不对称率主要在 0＜*Ad*≤5% 和 5%＜*Ad*≤10% 这两个范围内，但随着海水酸化程度的不断加深，不对称率在 10%＜*Ad*≤15% 和 15%＜*Ad* 范围内的海胆幼体的数量百分比逐渐增加。总体来说，这 3 种海胆四腕幼体的不对称率均呈现出一种随着海水酸化程度加深而逐渐增加的趋势。分析其原因，可能是因为海水酸化导致海水中的碳酸盐系统失去平衡，导致影响海胆浮游幼体骨针钙化生长的相关基因或蛋白表达协调性和一致性受阻，进而造成了海胆浮游幼体双侧骨针对称性缺失。这种骨针对称性缺失的现象也出现在酸化条件下培养的两种海胆——白棘三列海胆和梅氏长海胆（*Echinometra mathaei*）的浮游幼体中。上述结果提示，海水酸化可通过影响海胆浮游幼体的双侧对称体制影响其正常的生长和发育。

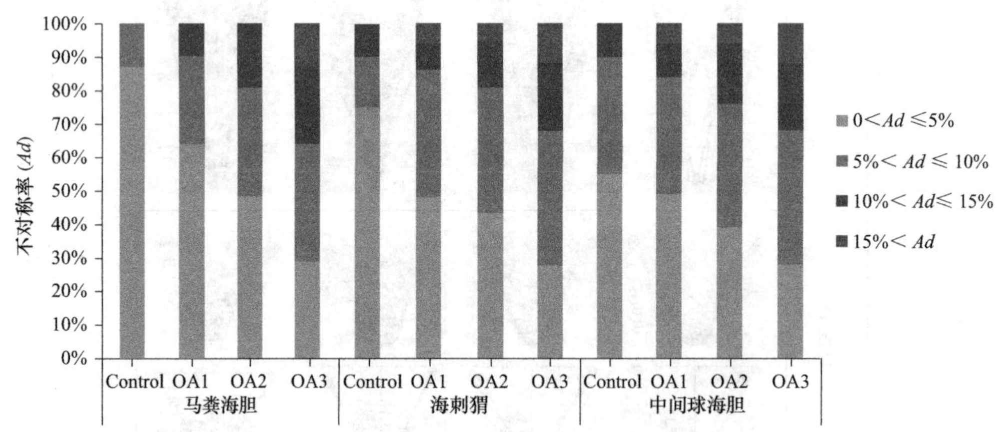

图 4.9　海水酸化对 3 种海胆四腕浮游幼体双侧对称体制的影响

Control：自然海水 pH；OA1：ΔpH＝－0.3 个单位；OA2：ΔpH＝－0.4 个单位；OA3：ΔpH＝－0.5 个单位

（2）此外，我们还比较研究了海水酸化对海胆浮游幼体骨针全长以及骨针各部位长度的影响。结果显示，中间球海胆的四腕浮游幼体骨针全长随海水酸化程度的加深而极显著缩短（$P<0.01$），但是马粪海胆四腕浮游幼体骨针全长却随着海水 pH 的下降而极显著增长（$P<0.01$）（图 4.10）。

进一步的分析发现，海水酸化对不同种类海胆浮游幼体钙化骨针的各个部位的影响也各不相同。相较于自然海水组，酸化海水处理组的马粪海胆和海刺猬的四腕浮游幼体的骨棒长度均呈极显著增长（$P<0.01$）。但是，中间球海胆四腕浮游幼体的骨棒长度变化却与前两者不同：当海水 ΔpH＝－0.3 个单位和 ΔpH＝－0.4 个单位时，中间球海胆四腕幼体的骨棒长度与自然海水组相比并无显著变化（$P>0.05$）；而当海水 ΔpH＝－0.5 个单位时，中间球海胆四腕幼体的骨棒长度则极显著低于自然海水组（$P<0.01$）（图 4.11）。这一结果说明海水酸化对海胆四腕浮游幼体骨棒长度的影响存在明显的种属特异性。

此外，不同程度的海水酸化环境对马粪海胆、海刺猬和中间球海胆的四腕浮游幼体后口腕的影响也不尽相同（图 4.12）。具体来说，各酸化处理组中的马粪海胆的四腕浮游幼体的后口腕长度均极显著大于自然海水组（$P<0.01$），而酸化组处理的中间球海胆的四腕浮游幼体的后口腕长度则极显著小于自然海水组（$P<0.01$），且呈现一种随着酸化程度的加深而逐渐降低的趋势。有趣的是，与自然海水组相比，当海水 ΔpH＝－0.3 个单位时，海刺猬的

四腕浮游幼体的后口腕长度显著低于自然海水组（$P<0.05$）；而当海水 ΔpH=−0.4 个单位时，海刺猬四腕浮游幼体的后口腕长度则极显著低于自然海水组（$P<0.01$）；而当海水 ΔpH=−0.5 个单位时，海刺猬四腕浮游幼体的后口腕长度却与自然海水组并无显著差异（$P>0.05$）。

此外，我们也注意到，在海水酸化条件下，海胆的四腕浮游幼体的骨针间距也发生了一定的变化。相较于自然海水组而言，当海水 ΔpH=−0.3 个单位时，海刺猬和中间球海胆的四腕浮游幼体的骨针间距均无显著变化（$P>0.05$）；但是，当海水 ΔpH=−0.4 个单位和 ΔpH=−0.5 个单位时，海刺猬的四腕浮游幼体的骨针间距极显著大于自然海水组（$P<0.01$），而中间球海胆的四腕浮游幼体的骨针间距却显著小于自然海水组（$P<0.05$）（图 4.13）。

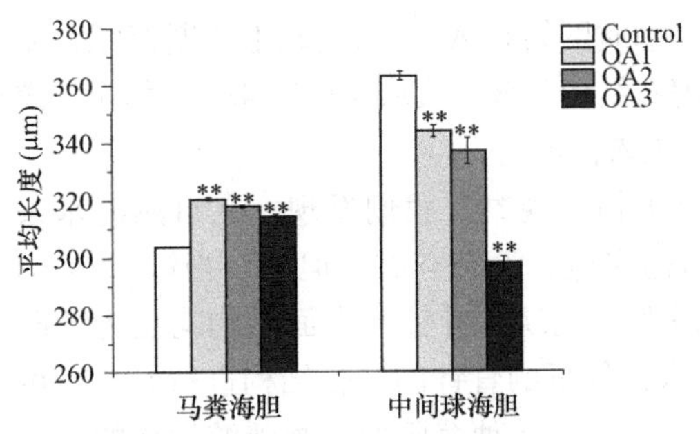

图 4.10 海水酸化对 2 种海胆的四腕浮游幼体骨针全长的影响

Control：自然海水 pH；OA1：ΔpH=−0.3 个单位；OA2：ΔpH=−0.4 个单位；OA3：ΔpH=−0.5 个单位；**$P<0.01$ 表示与自然海水组相比差异极显著；误差线为标准偏差（$n=3$）

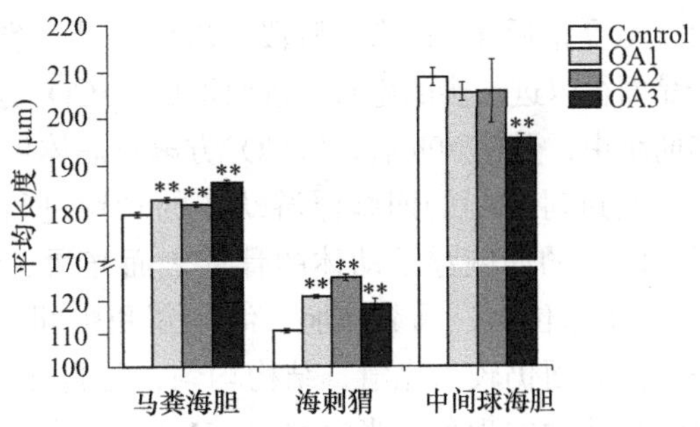

图 4.11 海水酸化对 3 种海胆的四腕浮游幼体骨棒长度的影响

Control：自然海水 pH；OA1：ΔpH=−0.3 个单位；OA2：ΔpH=−0.4 个单位；OA3：ΔpH=−0.5 个单位；**$P<0.01$ 表示与自然海水组相比差异极显著；误差线为标准偏差（$n=3$）

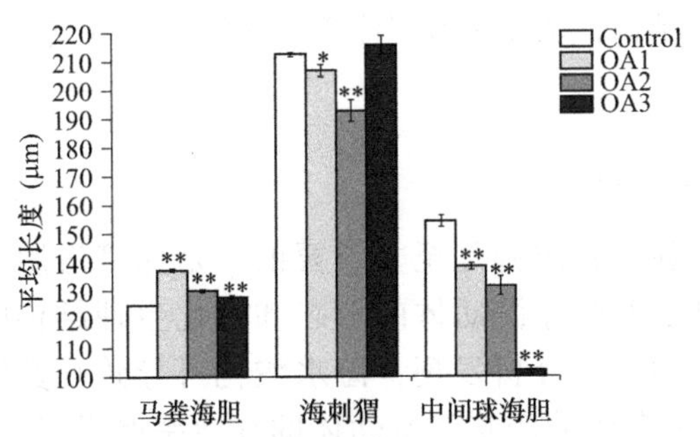

图 4.12 海水酸化对 3 种海胆的四腕浮游幼体的后口腕长度的影响

Control：自然海水 pH；OA1：ΔpH=−0.3 个单位；OA2：ΔpH=−0.4 个单位；OA3：ΔpH=−0.5 个单位；*$P<0.05$ 表示与自然海水组相比差异显著；**$P<0.01$ 表示与自然海水组相比差异极显著；误差线为标准偏差（$n=3$）

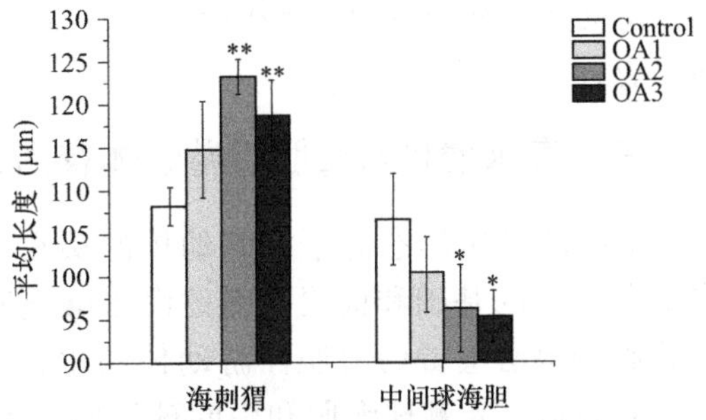

图 4.13 海水酸化对 2 种海胆的四腕浮游幼体的骨针间距的影响

Control：自然海水 pH；OA1：ΔpH=−0.3 个单位；OA2：ΔpH=−0.4 个单位；OA3：ΔpH=−0.5 个单位；*$P<0.05$ 表示与自然海水组相比差异显著；**$P<0.01$ 表示与自然海水组相比差异极显著；误差线为标准偏差（$n=3$）

综上可以看出，海水酸化对海胆的四腕浮游幼体骨针的各部分均有不同程度的影响且具有明显的种属特异性。其中，受海水酸化影响最为显著的是海胆浮游幼体骨针的后口腕部分，分析这一现象产生的具体原因，除了受海胆种类影响之外，可能还涉及遗传物质结构改变以及分子调控模式改变等，有待于进一步的探索和研究。

二、海水酸化对海胆浮游幼体骨针钙化结构的影响

研究显示，过量 CO_2 的排放在导致海水酸化的同时，也极大地降低了海水中碳酸盐的饱和度，这种碳酸盐饱和度的大幅降低有可能降低海洋生物对海水中碳酸盐的利用或者影响海洋生物的生物钙化过程。海胆浮游幼体骨针的钙化类型属于基质媒介型，海胆浮游幼体的初级间质细胞可分泌 16 种基质蛋白调控骨针的生物钙化作用。受精后 0～70h 为海胆浮游幼体钙化生长的关键时期，整个钙化生长过程分为两个阶段，第一阶段包括基质蛋白的分泌、基质网络形成及无定形 $CaCO_3$（amorphous calcium carbonate，ACC）的形成，该阶段从受精开始，至受精后 48h；第二阶段，$CaCO_3$ 沿着蛋白基质网络在 ACC 的基础上不断沉积，使各个晶面得以进一步的生长，进而形成 $CaCO_3$ 方解石结构，该阶段从受精后 48h 开始至浮游幼体期结束，受精 70h 后，$CaCO_3$ 方解石晶体生长进入稳定期。

通过对海胆的四腕浮游幼体的骨针进行电子扫描观察，我们发现，在自然海水条件下，海胆的四腕浮游幼体的骨针表面光滑、结构完整、没有空隙。但是，当海水 ΔpH＝－0.3 个单位时，马粪海胆、海刺猬和中间球海胆四腕幼体骨针的表面结构均变为凹凸不平，但表面仍较为光滑、结构均匀，与自然海水条件下的骨针的钙化结构进行相比，可观察到被溶蚀的现象；当海水 ΔpH＝－0.4 个单位时，这 3 种海胆的四腕浮游幼体的骨针表面结构均出现了明显的疏松现象，不平整的现象更为严重；而当海水 ΔpH＝－0.5 个单位时，3 种海胆的四腕浮游幼体的骨针表面均有被严重溶蚀现象，结构不再完整，有的区域甚至出现较大的空洞（图 4.14）。海胆的浮游幼体是利用海水中的 CO_3^{2-} 生成钙化骨骼（骨针），海水 pCO_2 升高会降低海水［CO_3^{2-}］，导致钙化骨骼出现溶蚀现象。这种现象在美国的海胆 *Lytechinus variegatus* 中也被观察到，这进一步证实，海水酸化可通过影响海胆浮游幼体骨针的生物钙化作用而破坏其正常结构，从而对海胆浮游幼体的存活造成一定的影响。

三、海水酸化对海胆浮游幼体存活的影响

良好的自然形态对于海胆幼体的摄食、游泳和防御是至关重要的，是保障海胆个体生存功能的基础和前提，因此海水酸化对于海胆浮游幼体的形态和钙化生理结构的显著影响势必会威胁海胆浮游幼体的生存能力。经分析发现，海水酸化可导致马粪海胆、海刺猬、光棘球海胆和中间球海胆这四种海胆的四腕浮游幼体的存活率严重降低，但相对于海刺猬、光棘球海胆和中间球海胆，马粪海胆四腕幼体的存活状况受海水酸化的影响相对稍弱（图 4.15）。具体来说，自然海水组中，受精 120h 后的马粪海胆四腕浮游幼体的存活率为 91.11%±1.84%，但随着酸化程度的不断加深，其存活率分别下降为 63.67%±9.02%（ΔpH＝－0.3 个单位）、57.33%±11.68%（ΔpH＝－0.4 个单位）和 50.33%±13.58%（ΔpH＝－0.5 个单位），但在各组中马粪海胆的存活率仍均保持在 50% 以上。受精 96h 后的海刺猬的四腕幼体的存活率也呈现一种逐渐降低的趋

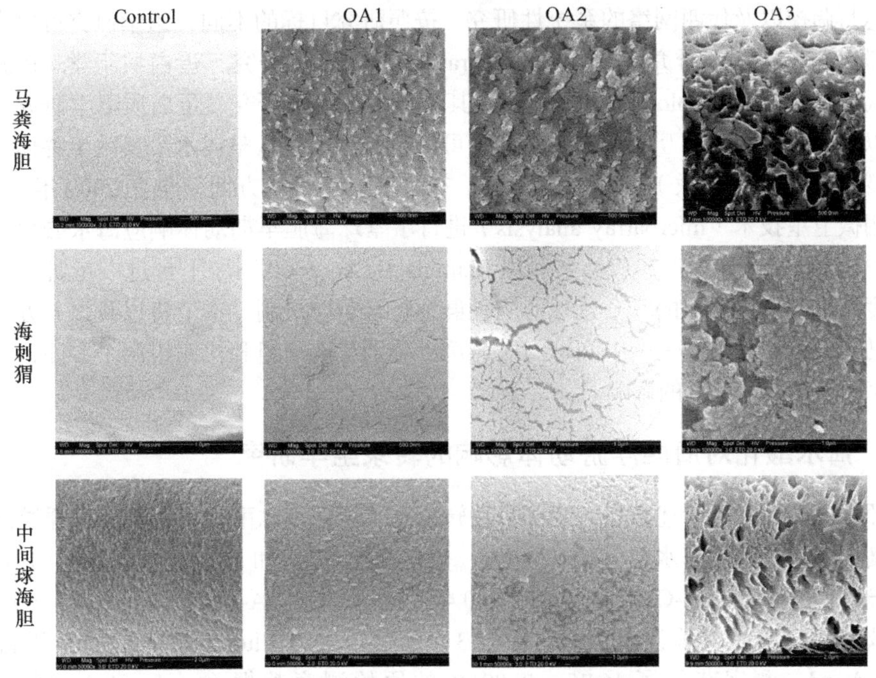

图 4.14　海水酸化对 3 种海胆的四腕浮游幼体的骨针超微结构的影响

Control：自然海水 pH；OA1：ΔpH＝－0.3 个单位；OA2：ΔpH＝－0.4 个单位；OA3：ΔpH＝－0.5 个单位

势，分别为 87.89%±5.40%（Control）＞55.11%±5.01%（ΔpH＝－0.3 个单位）＞40.44%±5.00%（ΔpH＝－0.4 个单位）＞39.22%±0.51%（ΔpH＝－0.5 个单位）。在自然海水组中，受精 72h 后的光棘球海胆四腕浮游幼体的存活率为 70.67%±2.31%，与自然海水组相比，各酸化组中马粪海胆四腕浮游幼体的存活率均低于 50%，且呈现一种极显著降低趋势（$P<0.01$）。在自然海水组中，受精 70h 后的中间球海胆四腕幼体存活率为 81.56%±3.42%，在各酸化处理组中分别低至 68.66%±5.03%（ΔpH＝－0.3 个单位）、57.11%±0.38%（ΔpH＝－0.4 个单位）和 35.00%±3.67%（ΔpH＝－0.5 个单位）。

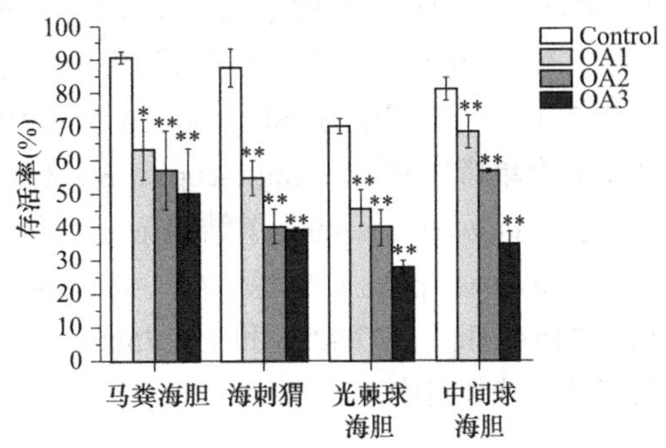

图 4.15　海水酸化对 4 种主要海胆的四腕浮游幼体的存活的影响

Control：自然海水 pH；OA1：ΔpH＝－0.3 个单位；OA2：ΔpH＝－0.4 个单位；OA3：ΔpH＝－0.5 个单位；*$P<0.05$ 表示与自然海水组相比差异显著；**$P<0.01$ 表示与自然海水组相比差异极显著；误差线为标准偏差（$n=3$）

第四节　海水酸化影响海胆幼体早期发育的组学研究

组学（Omics）研究是随着高通量测序技术不断发展而应运产生的新兴研究领域，是从整体角度出发去研究生命个体的细胞结构、组织、生物大分子以及这些生物大分子间相互作用的科学。相较于传统的生物学研究，组学研究更加强调对目标对象基因结果、基因组成、基因表达与调控以及代谢网络的系统性研究。按照研究目标的不同，组学研究可以主要分为基因组学（Genomics）研究、转录组学（Transcriptomics）研究、蛋白质组学（Proteomics）研究和代谢组学（Metabolomics）研究等。其中，转录组学研究、蛋白质组学研究、代谢组学研究以及三者之间的交互联动分析被认为可以较为全面地从整体水平反映生物体对外界环境波动变化（或外源刺激）的生物学响应。在海水酸化研究方面，早在 2009 年，Todgham 等就使用微卫星技术（microarray analysis）进行了紫球海胆早期幼体响应海水酸化的转录组学研究。随后，Evans 等（2017）又利用 Illumina HiSeq 2000 测序平台进一步研究了暴露于不同程度海水酸化环境下的 6 个紫球海胆种群的转录响应机制。本节将以我国北方海域土著种——马粪海胆和养殖种——中间球海胆为例，分别从转录组和代谢组两个方面，介绍海水酸化对海胆幼体早期发育的影响。

一、海水酸化对海胆浮游幼体影响的转录组学研究

按照本书第二章中所述方法，本部分从转录水平评估海水酸化对马粪海胆浮游幼体的影响。分别构建 1 个自然海水组（Hp-Control：自然海水 pH）和 3 个海水酸化组（Hp-OA-1：ΔpH＝－0.3 个单位；Hp-OA-2：ΔpH＝－0.4 个单位；Hp-OA-3：ΔpH＝－0.5 个单位）的转录组文库，为减少实验误差，每组设置 3 个重复。通过 Illumina Hiseq 4000 平台进行双端（paired-end）测序获得了 46.75～48.00Mb 的原始测序数据（raw reads），通过除去含接头（adaptors）序列、包含>5% 未知核苷酸的序列和低质量序列，最后获得了 46.40～47.70Mb 的可用于后续分析的测序数据（clean reads）。经分析，clean reads 的 Q20 平均数为 98.04%～98.51%，GC 的平均含量（GC content）为 37.60%（表 4.1）。为确保后续分析的准确性，使用 BUSCO v. 3.0.2 评估从头拼接转录组的完整性。结果显示，在拼接的基因中，包括 287 个基因的完整 BUSCOs 和 16 个基因的不完整 BUSCOs，其中，完整的 BUSCOs 中包括 178 个单拷贝基因（single-copy，S）和 109 个多拷贝基因（duplicated，D）（图 4.16）。从头拼接（*de novo* assembly）结果显示，每个测序文库平均获得了 350 579.33 个平均长度为 666.33bp（base pairs）的转录本（transcripts），所有转录本的平均 N50、N70 和 N90 长度分别为 1158.25bp、577.42bp 和 255.75bp（表 4.2），大约有 82.14% 的转录本可以成功定位回从头组装的转录组中（表 4.3）。

表 4.1　马粪海胆四腕幼体转录组数据汇总

组别	Hp-Control 平均值	Hp-OA-1 平均值	Hp-OA-2 平均值	Hp-OA-3 平均值
Total Raw Reads（Mb）	46.83	46.75	47.64	48.00
Total Clean Reads（Mb）	46.53	46.40	47.07	47.70
Total Clean Reads（%）	99.39	99.26	98.90	99.42
Clean Reads Q20（%）	98.51	98.49	98.49	98.04
GC Content（%）	37.03	37.73	37.88	37.76

注：Total Clean Reads 代表过滤后的 reads 数；Clean Reads Q20 表示过滤后质量不低于 20 的碱基的比例；GC Content 表示过滤后碱基 G 和 C 数占总碱基数的比例。

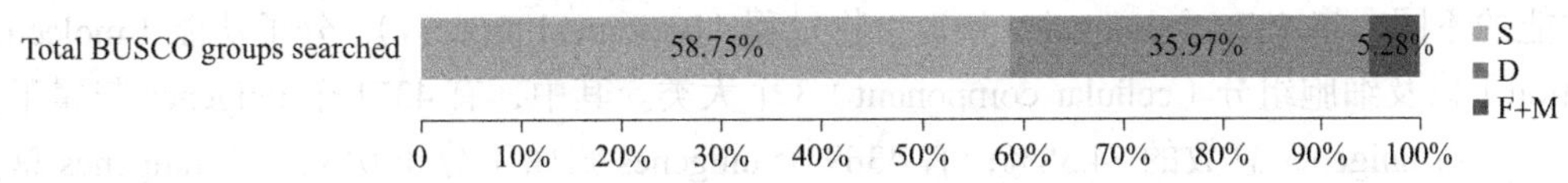

图 4.16　马粪海胆四腕幼体转录组的组装质量

绿色部分表示单拷贝基因（S）；蓝色部分表示多拷贝基因（D）；灰色部分为片段 BUSCOs（F）和缺失的 BUSCOs（M）

表 4.2　马粪海胆四腕浮游幼体转录组拼接结果统计

组别	Hp-Control 平均值	Hp-OA-1 平均值	Hp-OA-2 平均值	Hp-OA-3 平均值
total number（transcript）	84 739.00	88 656.67	88 782.33	88 401.33
N50（transcript）	1 129.67	1 200.67	1 157.67	1 145.00
N70（transcript）	569.00	598.33	570.00	572.33
N90（transcript）	254.33	259.33	254.33	255.00
total number（unigene）	46 138.00	49 230.67	49 965.67	49 972.00
N50（unigene）	1 243.00	1 332.67	1 266.33	1 239.33
N70（unigene）	678.67	708.00	669.00	659.67
N90（unigene）	304.67	309.33	301.33	298.00

注：设所有 transcript/unigene 的长度加和为 x，将所有 transcript/unigene 按序列长度从小到大排序，并从第一条序列开始累加计算 transcript/unigene 总长，当长度达到 x 的 50%、70% 和 90% 时，对应的那条 transcript/unigene 的长度即 transcript/unigene 的 N50、N70 和 N90。

表 4.3　转录本定位回从头组装转录组的结果统计

组别	碱基数	序列数	定位成功的序列数	百分比（%）
Hp-Control-1	3 536 000 480	44 200 006	36 372 608	82.29
Hp-Control-2	4 063 601 700	45 151 130	36 936 660	81.81
Hp-Control-3	4 062 417 300	45 137 970	37 006 650	81.99
Hp-OA-1-1	3 534 000 000	44 175 000	36 460 836	82.54
Hp-OA-1-2	4 050 857 880	45 009 532	36 713 352	81.57
Hp-OA-1-3	4 059 952 560	45 110 584	36 851 556	81.69
Hp-OA-2-1	3 667 631 520	45 845 394	38 060 940	83.02
Hp-OA-2-2	4 062 479 220	45 138 658	37 013 526	82.00
Hp-OA-2-3	4 062 569 580	45 139 662	36 996 382	81.96
Hp-OA-3-1	3 536 418 880	44 205 236	36 791 912	83.23
Hp-OA-3-2	4 062 601 980	45 140 022	36 909 798	81.77
Hp-OA-3-3	4 060 214 460	45 113 494	36 926 560	81.85
平均数量	3 896 562 130	44 947 224	36 920 065	82.14

进一步对转录本进行聚类分析，最终获得了大约 195 306.33 个平均长度为 769.33bp 的非重复序列基因（unigene）。对这些进行 GO 注释和 KEGG 富集分析。GO 注释结果显示，按

照功能的不同，将 5876 个 unigenes 分为生物过程（biological process）、分子功能（molecular function）以及细胞组分（cellular component）3 个大类。其中，有 4371 个 unigenes 归属于生物过程，占 unigenes 总数的 74.38%；有 4369 个 unigenes 归属于分子功能，占 unigenes 总数的 74.35%；有 3997 个 unigenes 归属于细胞组分，占 unigenes 总数的 68.02%（图 4.17）。

利用 KEGG 数据库进行 unigenes 的注释，结果显示，共注释到 14 284 个 unigenes（图 4.18）。根据被注释 unigenes 参与的 KEGG 代谢途径不同，可分为细胞过程（cellular processes）、环境信息处理（environmental information processing）、遗传信息处理（genetic information processing）、人类疾病（human disease）、代谢（metabolism）和有机系统（organismal systems）6 个分支。其中，有 2001 个 unigenes 富集至细胞过程中的运输和分

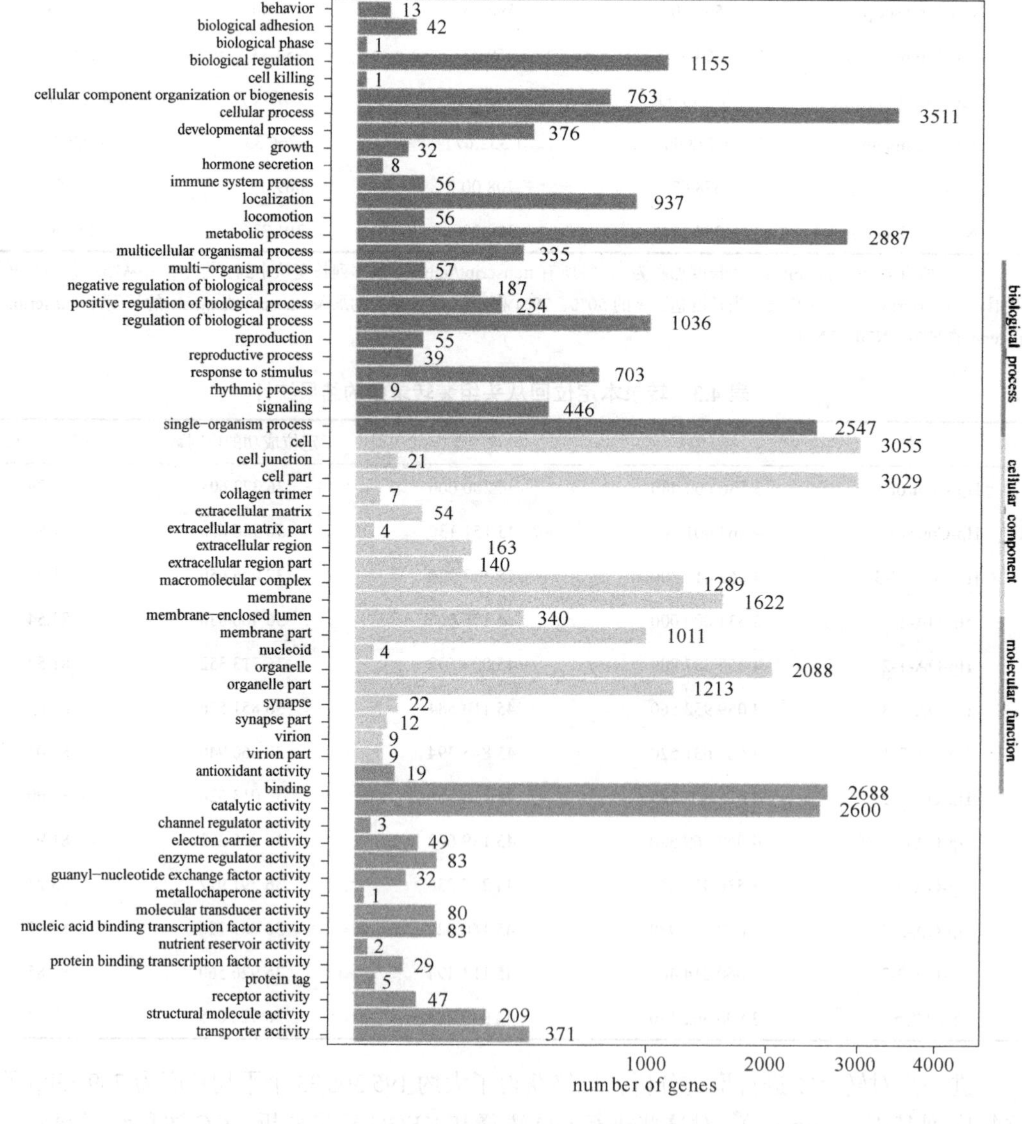

图 4.17 unigene 的 GO 注释

解代谢（transport and catabolism）途径，占细胞过程总 unigenes 的 57.16%；有 3311 个 unigenes 富集至环境信息处理中的信号转导途径（signal transduction），占环境信息处理总 unigenes 的 85.98%；有 1502 个 unigenes 富集至遗传信息处理中的翻译（translation）途径，占遗传信息处理总 unigenes 的 37.03%；有 2618 个 unigenes 富集至人类疾病中的癌症（cancer）途径，占人类疾病总 unigenes 的 45.33%；而参与代谢的 unigenes 则大多富集于全局概览（global and overview maps）途径，占代谢总 unigenes 的 76.10%（3210 个）；在有机系统中，则有 41.58%（1979 个）unigenes 被富集至内分泌系统（endocrine system）中。

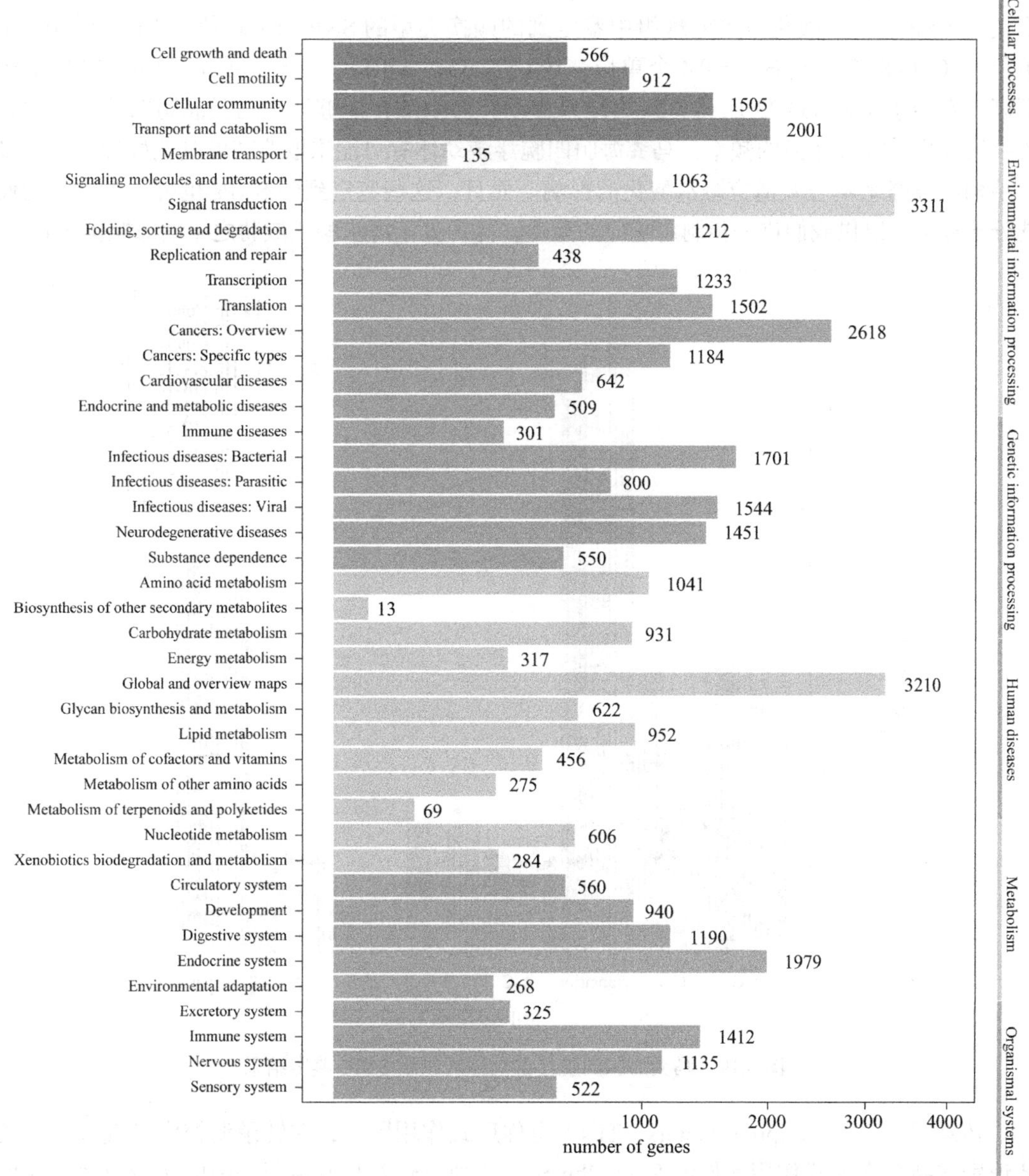

图 4.18　unigene 的 KEGG 富集分析

基因结构改变是生物体适应长期环境波动并维持种群规模的一种策略。在所构建的RNA-seq文库中，我们共鉴定出3 056 728个单核苷酸多态性（single nucleotide polymorphism，SNP）位点，其中在海水ΔpH=−0.5个单位的处理组中鉴定到的SNP数量最多。在所鉴定到的SNP中，有59.65%为转换（transition，Ts）类型，有40.35%为颠换（transversion，Tv）类型，Ts:Tv比约为37:25（图4.19），其中最主要的转换类型是A-G（30.07%）和C-T（29.58%），而最主要的颠换类型是A-T（433 212，14.17%）。在自然海水组（对照组）中，鉴定到的转换类型的SNP的平均值为144 120.67，而在3个酸化处理组中鉴定到的转换类型的SNP的平均值分别为154 291.67（ΔpH=−0.3个单位）、153 395.33（ΔpH=−0.4个单位）和156 019.00（ΔpH=−0.5个单位），均大于对照组的平均值。就颠换类型SNP而言，酸化海水处理组中鉴定到的颠换类型的SNP的平均值（ΔpH=−0.3个单位，104 048.33；ΔpH=−0.4个单位，102 672.33；ΔpH=−0.5个单位，104 928.67）也都高于对照组（99 433.33）。这些观察结果提示，海水酸化能够增加马粪海胆四腕幼体中遗传物质发生转换和颠换的频率；马粪海胆四腕浮游幼体有可能采取改变碱基偏好性甚至是基因结构的策略来响应并适应海水酸化的影响。而且，这些鉴定到的SNPs也可作为潜在的候选分子标记，以供我们进一步制定响应的策略，保护处于海水酸化威胁之中的海胆类生物。

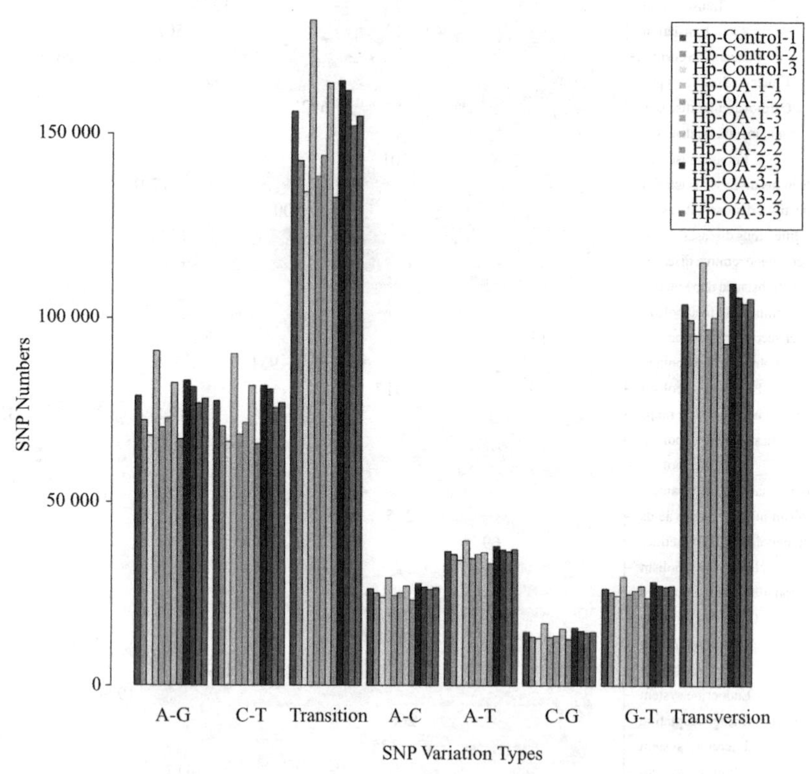

图4.19　马粪海胆四腕浮游幼体转录组SNPs鉴定结果

转录因子（transcription factors，TFs）也称反式作用因子，在转录调控中可直接或间接地识别或结合在顺式作用元件的8～112bp核心序列上，参与调控靶基因的转录效率。在所构建的RNA-seq文库中，我们共鉴定出了582个转录因子。根据种子区域（seed region）的不同，这些转录因子可被聚类于 Cys2His2 家族（C2H2，294 个，50.52%）、LIM 家族（LIM，49 个，8.42%）、与成髓细胞蛋白相关蛋白（MYB related protein，31 个，5.33%）、成髓细胞蛋白（MYB，31 个，5.33%）、碱性 - 螺旋 - 环 - 螺旋蛋白家族（bHLH，30 个，5.15%）、CCCH 型锌指蛋白家族（C3H，28 个，4.81%）、forkhead- 相关蛋白家族（FHA，23 个，3.95%）、他扎罗汀（Tazarotene）诱导的基因蛋白家族（TIG，21 个，3.61%）、碱性亮氨酸拉链蛋白家族（bZIP，12 个，2.06%）、Cys2His2-Gata 蛋白家族（C2C2-GATA，11 个，1.89%）和 alfin 样蛋白家族（AL，10 个，1.72%）等 25 个转录因子家族（图 4.20）。通过分析，我们发现共有 30 个转录因子在酸化组和对照组中呈现差异表达。其中，与对照组相比表达上调的转录因子主要分属于 C2H2 家族（10 个）、MYB related protein 家族（5 个）、LIM 家族（4 个）、C3H 家族（3 个）和 FHA 家族（2 个）等八个家族；而表达下调的转录因子则主要集中于 C2H2 家族（3 个）（图 4.20）。由上述结果可以看出，马粪海胆四腕浮游幼体可能通过改变自身的转录效率和转录调控能力而响应海水酸化所带来的影响。

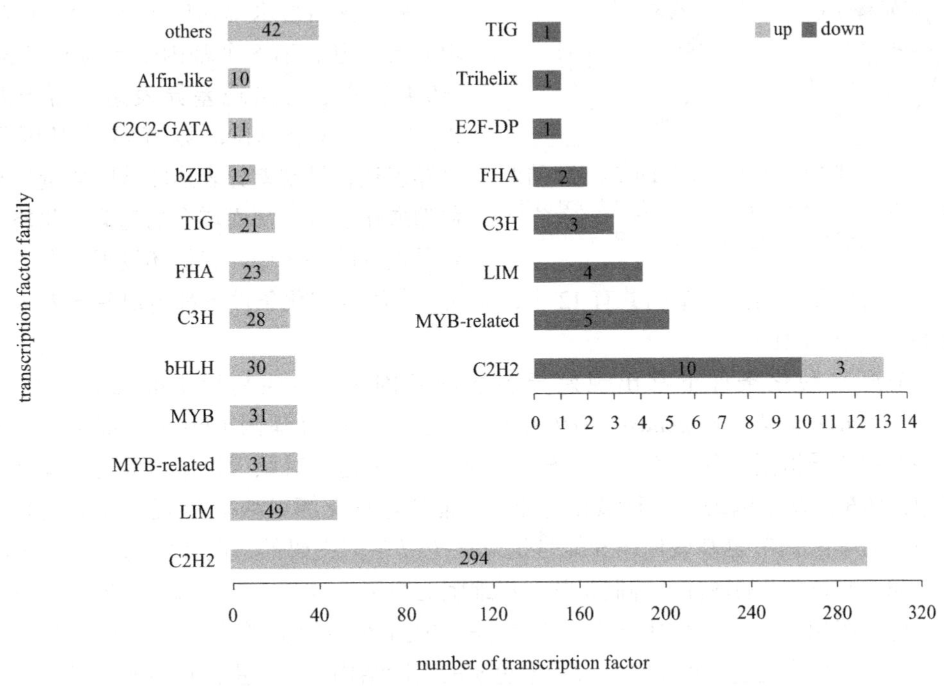

图 4.20　马粪海胆四腕幼体转录组中转录因子的鉴定结果

基因的差异表达（differential expression）是细胞、组织乃至生物个体在外界环境发生变化时最为直接的响应策略。在所构建的 RNA-seq 文库中，我们分别鉴定到 46 138 个（自然海水 pH）、49 230.67 个（ΔpH=－0.3 个单位）、49 965.67 个（ΔpH=－0.4 个单位）和 49 972.00（ΔpH=－0.5 个单位）个 unigenes。通过参数设定，当某一 unigene 在自然海水组与 3 个酸化处理组中同时存在、$|Log_2$（fold change）$|\geqslant 2.00$ 且 probability$\geqslant 0.8$ 时，便将这一 unigene 鉴定为差异表达基因（differentially expressed gene，DEG）。分析结果显示，相较于对照组（Hp-Control），在 3 个酸化处理组中，分别鉴定出的 25 个（ΔpH=－0.3 个单

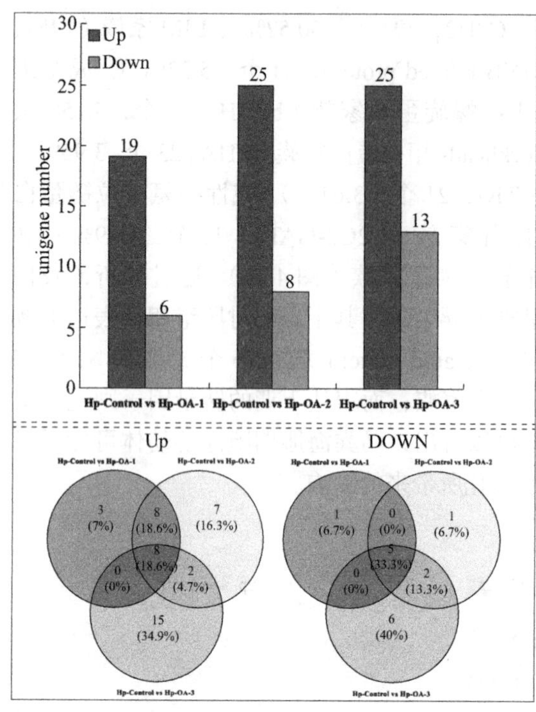

图 4.21 马粪海胆四腕幼体转录组 DEGs 鉴定结果

柱形图为各酸化海水处理组与对照组相比的差异表达基因数；韦恩图为差异表达基因的分布情况

位）、33 个（ΔpH＝－0.4 个单位）和 38 个（ΔpH＝－0.5 个单位）差异表达基因（图 4.21）。与对照组相比，当海水 ΔpH＝－0.3 个单位时，有 19 个基因的相对表达呈现上调趋势，有 6 个基因的相对表达呈现下调趋势；当海水 ΔpH＝－0.4 个单位时，有 25 个基因的相对表达呈现上调趋势，有 8 个基因的相对表达呈现下调趋势；当海水 ΔpH＝－0.5 个单位时，有 25 个基因的相对表达呈现上调趋势，有 13 个基因的相对表达呈现下调趋势。通过进一步整理，在去除重复基因后，我们发现在海水酸化条件下发生差异表达的基因共有 58 个。其中，有 4 个基因仅当海水 ΔpH＝－0.3 个单位时呈现差异表达，有 8 个基因仅当海水 ΔpH＝－0.4 个单位时出现差异表达，而当海水 ΔpH＝－0.5 个单位时则有 21 个基因呈现差异表达，呈现差异表达的基因数量呈现一种随酸化程度加深而增多的趋势。此外，在差异表达的基因中，我们还发现，在 2 个酸化组中同时出现差异表达的基因共有 12 个，而在 3 个海水酸化条件下都出现差异表达的基因共有 13 个（图 4.21）。

在 3 个海水酸化条件下都出现差异表达的基因中，3- 羟基异丁酸酯脱氢酶基因（*3-hydroxyisobutyrate dehydrogenase*，*HIBADH*）、透明质酸酶基因（*hyaluronidase*，*Hyal*）、*SVEP1* 基因和变异组蛋白基因（*histone H3.v1*）的相对表达与对照组相比均呈现明显上调趋势。其中，*HIBADH* 基因编码一种氧化还原酶，能通过催化缬氨酸中 3- 羟基异丁酸酯可逆氧化为丙二酸半醛调节氨基酸代谢和能量供应；*Hyal* 基因编码的透明质酸酶，可阻断转化生长因子 -β（TGF-β）的活性、抑制正常上皮细胞的增殖；*SVEP1* 基因编码的蛋白是一种与骨骼肌分化密切相关的细胞黏附分子；组蛋白是构成染色体的重要成分，其与 DNA 共同形成核小体，而核小体则进一步紧密结合在染色质的高阶结构中。组蛋白包括典型组蛋白和变异组蛋白两种，其中变异组蛋白在调节 DNA 表达方面往往具有关键作用。此外，我们还发现当海水 ΔpH＝－0.3 个单位和 ΔpH＝－0.4 个单位时，NADH- 泛醌氧化还原酶（NADH-ubinquinone oxidoreductase）基因和细胞色素 C（cytochrome C，Cyt C）基因的表达量与对照组相比也呈现显著上调趋势，这一点与紫球海胆的研究结果一致。NADH- 泛醌氧化还原酶和细胞色素 C 是电子传递链（electron-transport chain）上重要的氧化还原载体，而电子传递链则是生命个体通过电子传递以获取能量、维持正常生理代谢的主要途径，因此这两个氧化还原载体基因的上调表达从某种程度上反映了处于海水酸化条件下的海胆体内的电子传递和能量代谢可能比那些生活于自然海水中的海胆个体更为活跃。这一结果也提示我们，在海水酸化条件下，海胆可能会通过一种物种特异性和组织特异性的策略来产生能量和修饰代谢基因（特别是与 ATP 产生相关的基因）表达。

进一步通过 GO 和 KEGG 分析发现，在所鉴定到的 58 个差异表达基因中，有 10 个差异表达基因与催化活性（catalytic activity）相关；有 12 个差异表达基因与细胞和膜部分（cell and membrane part）等方面相关；有 10 个差异表达基因与单一生物过程（single-organism process）相关（图 4.22）。所有的差异表达基因可被富集至 77 条 KEGG 途径中，其中富集至神经退行性疾病（neurodegenerative diseases）途径中的差异表达基因有 14 个；富集至全局概览途径的差异表达基因有 12 个；富集至能量代谢（energy metabolism）途径的差异表达基因有 8 个；富集至信号转导途径的差异表达基因有 7 个（图 4.23）。另外，与氧化磷酸化途径（oxidative phosphorylation pathway）、赖氨酸降解途径（lysine degradation pathway）、背腹轴形成信号途径（Dorso-ventral axis formation signaling pathway）和 Notch 信号途径（Notch signaling pathway）等代谢、发育、信号转导和免疫防御相关途径密切相关的差异表达基因共 17 个。由上述结果可以看出，代谢、发育、信号转导和免疫防御相关途径上基因的差异表达是造成海水酸化条件下，海胆浮游幼体身体体积缩小、对称体制改变以及死亡率增高的主要原因。

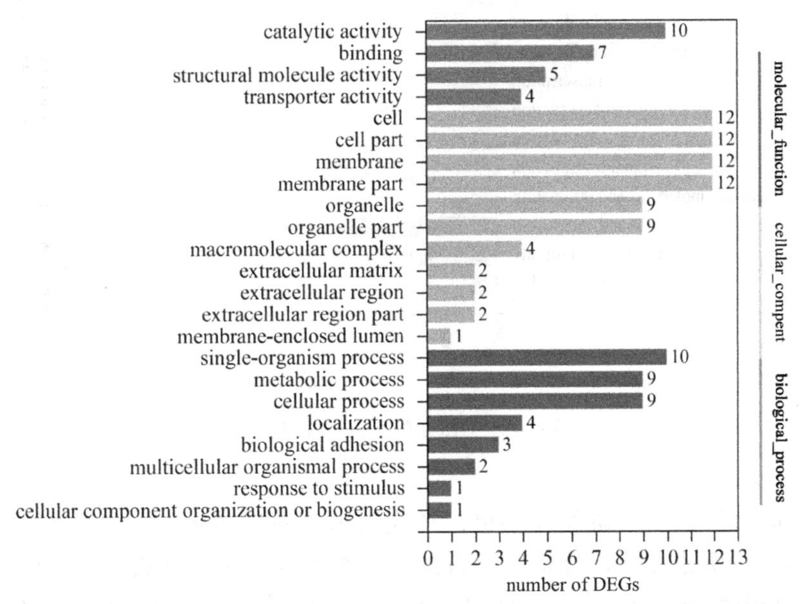

图 4.22 DEGs 的 GO 注释结果

二、海水酸化影响海胆幼体发育的代谢组学研究

近年来，代谢组学分析被认为是能够系统、全面地反映生理刺激或外界环境变化后生物体内相对分子质量在 1000 以内的小分子代谢产物的变化情况的最直接和有利的方法。与基因组学、转录组学和蛋白质组学相比，代谢组学的数据分析过程相对简单，不需要建立全基因测序数据库和大量序列标签数据库；另外，代谢产物是基因表达的最终产物，可以更为直观和准确地反馈生物机体对于外源刺激和环境变化响应的终末信息以及表型信息。

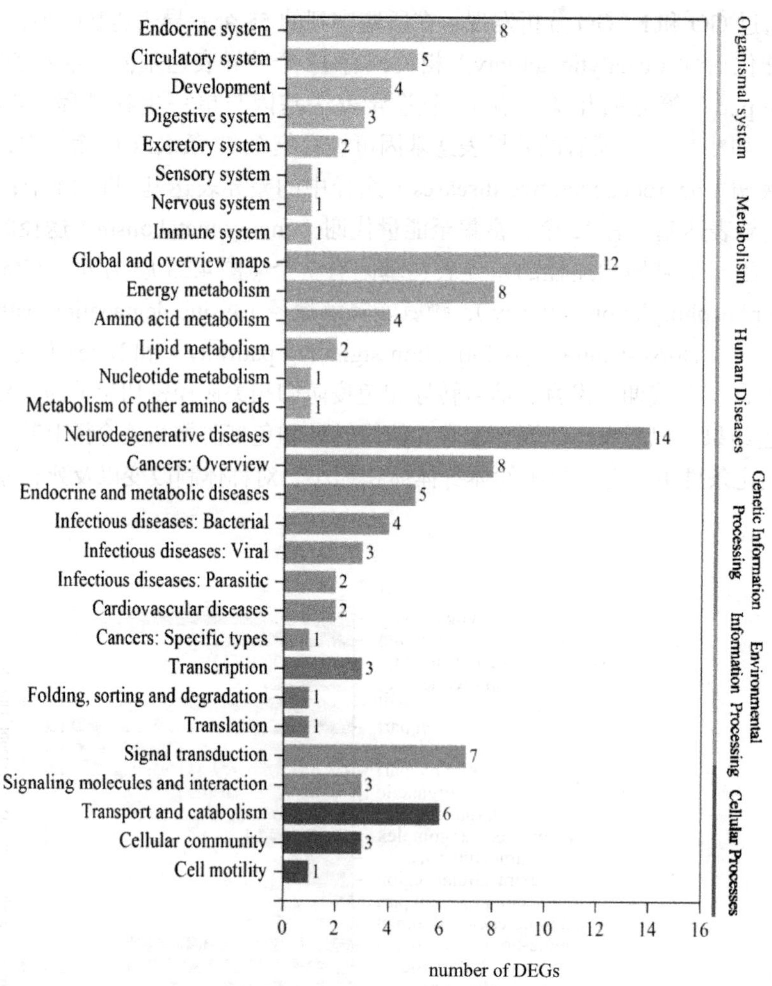

图 4.23 DEGs 的 KEGG 富集结果

以中间球海胆四腕浮游幼体为例，从代谢水平评估海水酸化对海胆浮游幼体的影响。按照第二章所述方法，分别收集自然海水组（Control：自然海水 pH）和海水酸化组（OA1：ΔpH＝－0.3 个单位；OA2：ΔpH＝－0.4 个单位；OA3：ΔpH＝－0.5 个单位）的代谢组样品，为减少实验误差，每组设置 8 个重复。利用 Q Exactive Orbitrap 液相串联质谱（LC-MS/MS）平台进行各组样品的代谢物检测，在检测过程中采用第二章所述方法进行样本的质量控制，如图 4.24 所示，QC 样本的 Pearson 相关系数在正离子模式下为 0.984～0.992，在负离子模式下为 0.982～0.993，Pearson 相关系数非常接近于 1，说明整个检测过程稳定性好、数据质量较高。此外，PCA 分析结果显示，在自然海水组与 3 个酸化处理组中，PC1 值呈现出随海水酸化程度的加深而线性增加的趋势，而 PC2 则呈现出相反的趋势。每个样本的 PCA 图中均未发现明显的异常值，且相同酸化海水处理组的数据全部聚集在 95% 的置信区间内，证明样本质量很高。同时，不同酸化海水处理组的数据处于离散状态，未处于 95% 的置信区间之内，说明海水酸化胁迫对代谢物造成了显著影响，

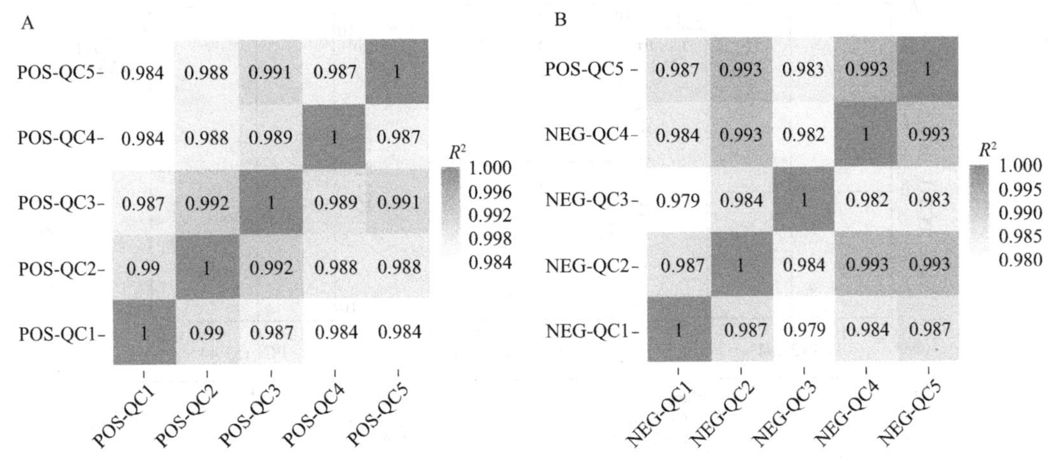

图 4.24　中间球海胆四腕幼体 QC 样本相关性分析

A 为正离子模式；B 为负离子模式；R^2 为决定系数

而且该数据具有统计学意义，值得进一步分析（图 4.25）。进一步通过有监督的 PLS-DA 分析发现，在正离子模式和负离子模式下，自然海水组与 3 个酸化处理组中 R^2 的平均累计值分别为 0.92（ΔpH＝－0.3 个单位）、0.88（ΔpH＝－0.4 个单位）和 0.97（ΔpH＝－0.5 个单位），Q^2 的平均累计值分别为 0.46（ΔpH＝－0.3 个单位）、0.63（ΔpH＝－0.4 个单位）和 0.84（ΔpH＝－0.5 个单位）（图 4.26），同时所有的 R^2 值均大于 Q^2 值且 PLS-DA 排序验证图（图 4.27）中没有出现过度拟合。这些结果提示，PLS-DA 分析所导出的模型具有出色的预测能力和可靠性，适用于后续分析。

我们对样本进行非靶向代谢分析后，共发现 326 种差异代谢物，其中正离子模式共有 215 种，负离子模式共有 111 种，对这些差异代谢物分别利用 KEGG、HMDB 和 LIPID MAPS 数据库进行分析注释。在 KEGG 数据库注释到的差异代谢物共 56 种，其中正离子模式为 33 种，负离子模式为 23 种。分析发现，注释到的代谢产物之间的相互作用与关系网络主要包括 3 大类，即环境信息处理、遗传信息处理和代谢。其中，代谢占比最高，为 63.64%，主要包含氨基酸代谢（amino acid metabolism）类型（涉及 23 种代谢产物）、核苷酸代谢（nucleotide metabolism）类型（涉及 16 种代谢产物）、脂质代谢（lipid metabolism）类型（涉及 14 种代谢产物）、碳水化合物代谢（carbohydrate metabolism）类型（涉及 12 种代谢产物）、辅助因子和维生素代谢（metabolism of cofactors and vitamins）类型（涉及 12 种代谢产物）、其他氨基酸代谢（metabolism of other amino acids）类型（涉及 10 种代谢产物）和能量代谢类型（涉及 4 种代谢产物）；遗传信息处理占比最小，为 9.09%，仅包括翻译（translation）一种类型；环境信息处理占比在两者中间，为 27.27%，包括膜运输（membrane transport）类型、信号转导类型和信号分子与相互作用（signaling molecules and interaction）类型（图 4.28）。

HMDB 数据库将鉴定到的中间球海胆四腕幼体差异代谢物分为 10 类。其中，有机酸及其衍生物（organic acids and derivatives）涉及的代谢产物最多，为 43 种；生物碱及其衍生物（alkaloids and derivatives）和有机金属氧化物（organooxygen compounds）

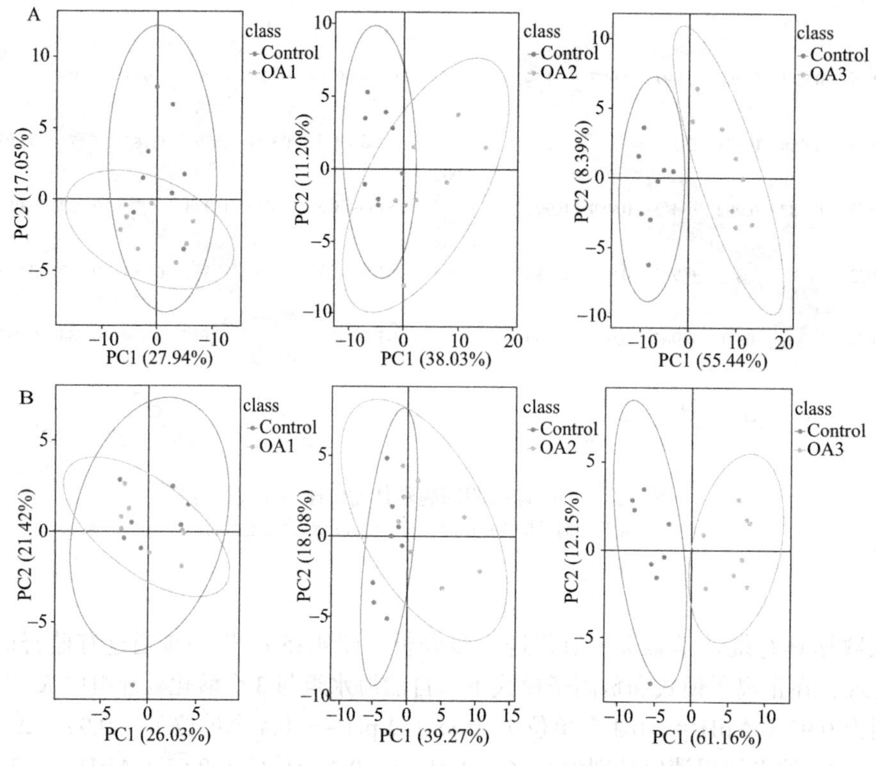

图 4.25 中间球海胆四腕幼体主成分分析图

A 为正离子模式；B 为负离子模式；图中 Control 为自然海水组，OA 为酸化海水处理组；横坐标 PC1 和纵坐标 PC2 分别表示排名第一和第二的主成分的得分，不同颜色的散点表示不同实验分组的样本，椭圆为 95% 的置信区间

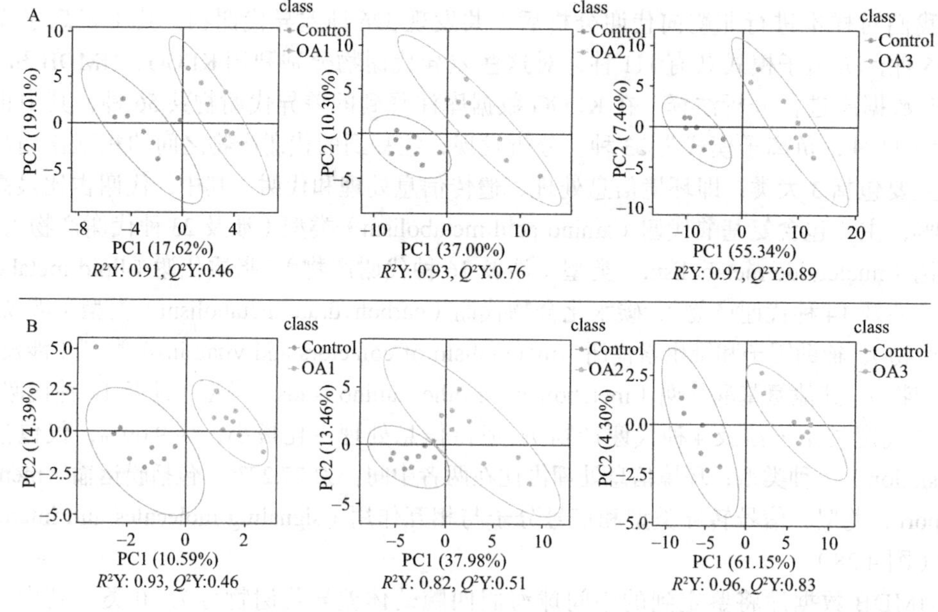

图 4.26 中间球海胆四腕幼体 PLS-DA 得分散点图

A 为正离子模式；B 为负离子模式；图中 Control 为自然海水组，OA 为酸化海水处理组；横坐标 PC1 为样本在第一主成分上的得分；纵坐标 PC2 为样本在第二主成分上的得分；R^2Y 表示模型的解释率，Q^2Y 用于评价 PLS-DA 模型的预测能力

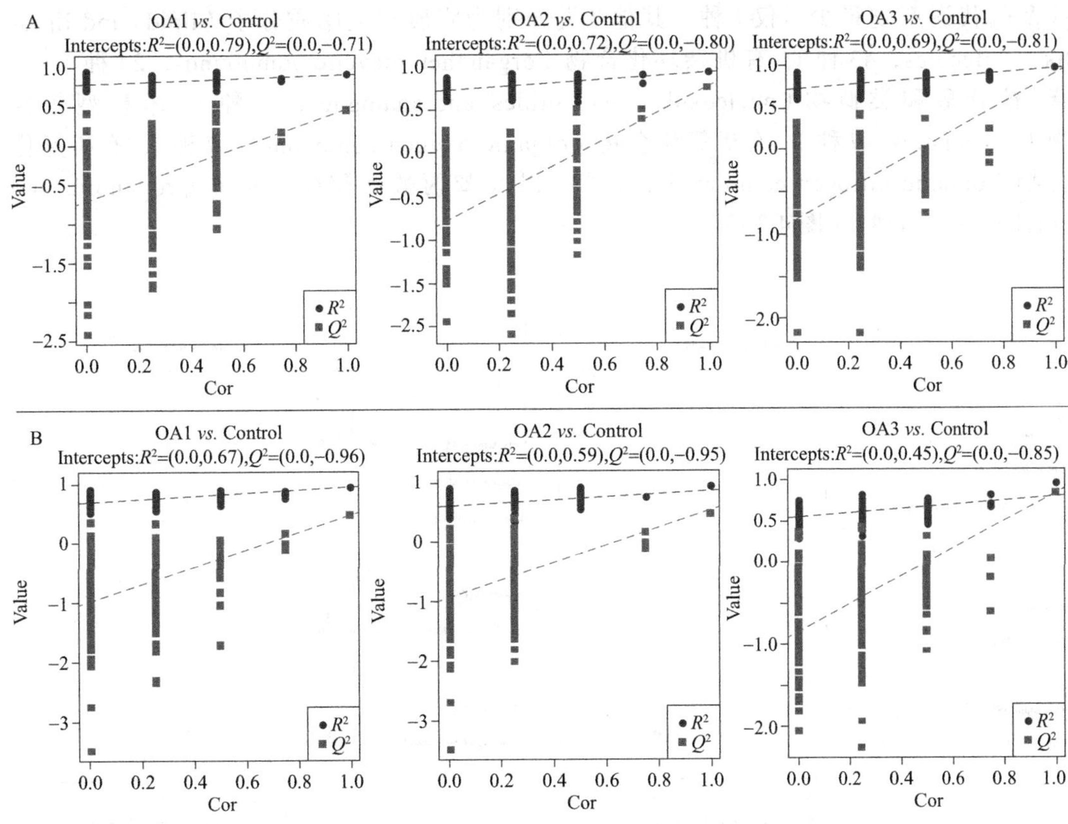

图 4.27　中间球海胆四腕幼体 PLS-DA 排序验证图

A 为正离子模式；B 为负离子模式；图中 Control 为自然海水组，OA 为酸化海水处理组；横坐标代表随机分组的 Y 与原始分组 Y 的相关性，纵坐标代表 R^2 和 Q^2 的得分

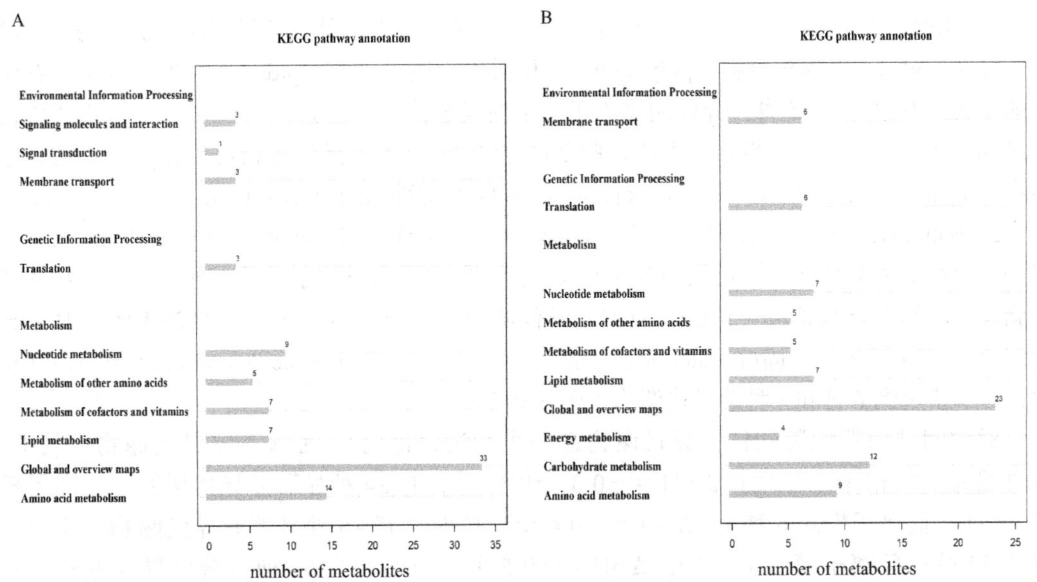

图 4.28　代谢物的 KEGG 功能注释

A 为正离子模式；B 为负离子模式；横坐标代表代谢产物数目，纵坐标代表注释到的 KEGG 条目

涉及的代谢产物最少，仅 1 种。其他 7 类分别为脂质和类脂质分子（lipids and lipid-like molecules，43 种）、有机杂环化合物（organoheterocyclic compounds，24 种）、核苷/核苷酸和类似物（nucleosides, nucleotides, and analogues，12 种）、苯环型化合物（benzenoids，7 种）、有机氧化合物（organic oxygen compounds，7 种）、有机氮化合物（organic nitrogen compounds，4 种）以及苯丙酸和聚酮（phenylpropanoids and polyketides，3 种）（图 4.29）。

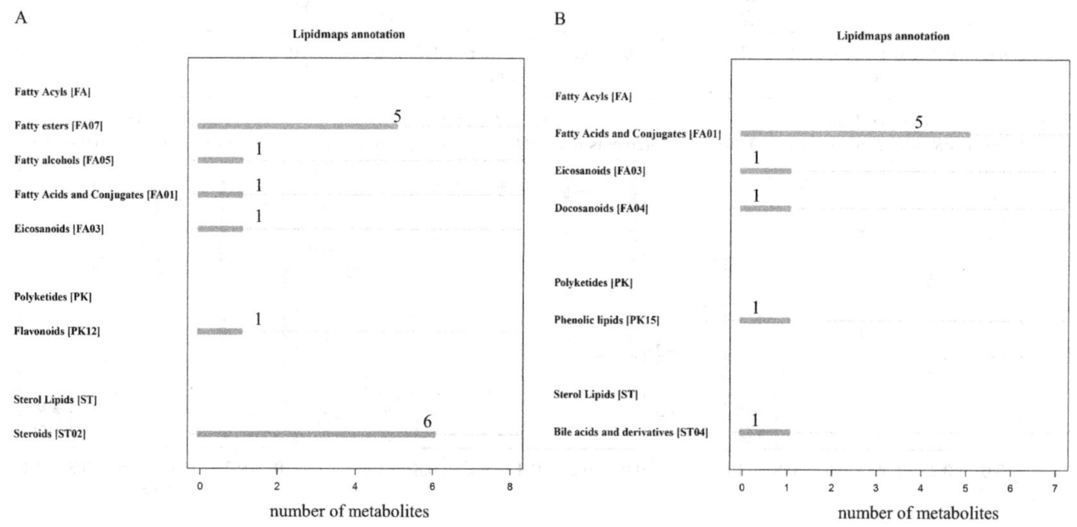

图 4.29 代谢物的 HMDB 分类注释

A 为正离子模式；B 为负离子模式；横坐标代表代谢产物数目，纵坐标代表注释到的 HMDB 条目

在 LIPID MAPS 数据库中，鉴定到的正负离子模式下四腕幼体差异代谢物被分为脂肪酰基（fatty acyls）、聚酮化合物（polyketides）和甾醇脂质（sterol lipids）3 大类。其中，在脂肪酰基类下共鉴定到 15 种差异代谢物（正离子模式 8 种，负离子模式 7 种），在 3 大类中占比最高，为 62.5%。进一步分析表明，脂肪酰基类的 15 种差异代谢物可细化为 5 小类，包括脂肪酸和共轭物（fatty acids and conjugates，6 种）、脂肪脂（fatty esters，5 种）、类二十烷酸（eicosanoids，2 种）、类二十二烷酸（docosanoids，1 种）和脂肪醇（fatty alcohols，1 种）。聚酮化合物类差异代谢物占比最小为 8.33%，仅仅鉴定到类黄酮小类的 1 种差异代谢物和酚类脂小类 1 种差异代谢物。甾醇脂质类差异代谢物占比介于两者之间，为 29.17%，其差异代谢物可继续细化为类固醇（steroids）、胆汁酸及其衍生物（bile acids and derivatives）2 小类，分别鉴定到 6 种和 1 种差异代谢物（图 4.30）。

对中间球海胆四腕幼体差异代谢物进一步筛选，得到 87 种显著差异代谢物。其中，与自然海水组相比，当海水 ΔpH＝－0.3 个单位时，有 24 种显著差异代谢物（正离子模式 18 种；负离子模式 6 种）；ΔpH＝－0.4 个单位时，有 46 种显著差异代谢物（正离子模式 35 种；负离子模式 11 种）；ΔpH＝－0.5 个单位时，有 61 种显著差异代谢物（正离子模式 44 种；负离子模式 17 种）。在 87 种显著差异代谢物中，共有 57 种显著差异

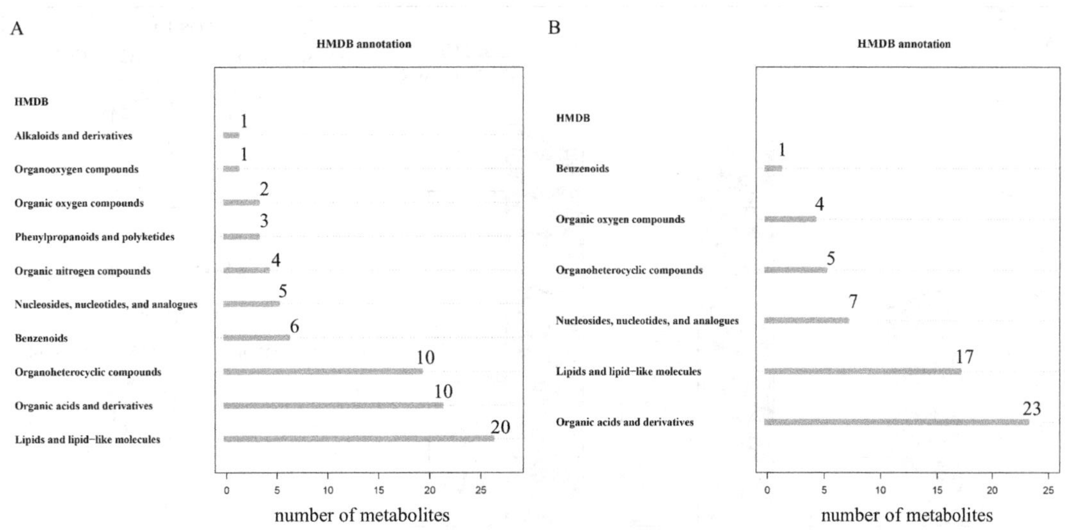

图 4.30　代谢物的 LIPID MAPS 分类注释

A 为正离子模式；B 为负离子模式；横坐标代表代谢产物数目，纵坐标代表注释到的 LIPID MAPS 条目

代谢物的相对含量呈上升趋势，30 种显著差异代谢物的相对含量呈下降趋势（图 4.31）。此外，随着海水酸化程度的加深，相对含量上升和下降的显著差异代谢物都呈线性增加的趋势，这在一定程度上说明了当海水酸化程度加深，中间球海胆四腕幼体代谢的变化也会随之加深。

在对显著差异代谢物进一步分析后发现，87 种显著差异代谢物可分为 5 类：脂质和类脂类物质（44.83%）、抗氧化剂和抗炎物质（13.79%）、遗传信息类物质（10.34%）、生物毒性物质（9.20%）和其他物质（21.84%）。脂质和类脂类物质在显著差异代谢物中占比最高，主要在维持膜结构和激素稳态中发挥作用。与对照组相比，在酸化海水处理组中观察到溶血磷脂（lysophospholipids）类物质相对含量的显著变化，如溶血磷脂酰胆碱 18:3（lysophosphatidylcholine 18:3）、溶血磷脂乙醇胺 16:1（lysophosphatidyl ethanolamine 16:1）和溶血磷脂酸 20:2（lysophosphatidic acid 20:2）。溶血磷脂类物质是细胞膜的组成成分之一，不仅可以被分配到磷脂双分子层中来改变细胞膜的性质，也可通过与非受体蛋白伴侣直接结合来影响细胞内钙离子通道的调控模式。同时，还有一些类脂类物质如前列腺素（prostaglandins）、糖皮质激素（glucocorticoids）和性激素（sex hormones）的相对含量发生了显著变化。以上结果提示，海水酸化会导致中间球海胆四腕幼体溶血磷脂和激素类物质分泌失衡，从而干扰了脂质内环境稳态并增加了细胞膜的通透性，进而导致了幼体死亡率升高。此外，有毒物质累积也是生物体死亡的重要原因之一，与对照组相比，2,6- 二甲基苯胺（2,6-dimethylaniline）和 11- 羟基 - δ（9）- 四氢大麻酚［11-hydroxy- δ（9）-tetrahydrocannabinol］2 种显著差异代谢物在酸化海水处理组中出现上调趋势。2,6- 二甲基苯胺对人类和多种动物来说是一种芳香族胺致癌物；11- 羟基 - δ（9）- 四氢大麻酚是四氢大麻酚主要代谢产物，可以通过抑制 T 和 B 淋巴细胞的增殖来破坏中间球海胆四腕幼体的免疫系统。因此，有毒物质的累积可能是海水酸化胁迫下中间球海胆四腕幼体死亡率增加的另一个主要原因。

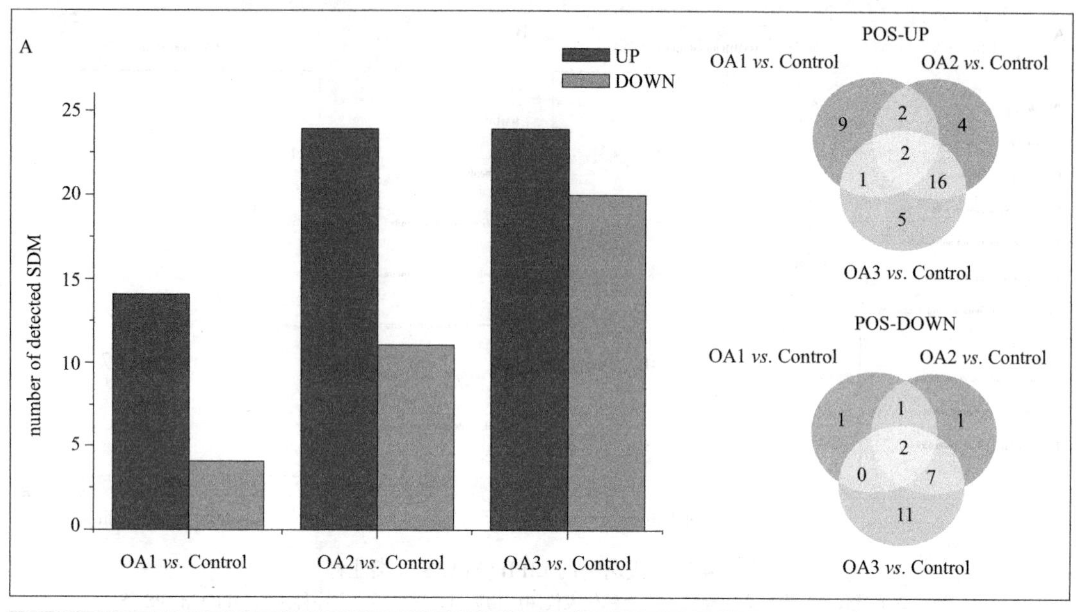

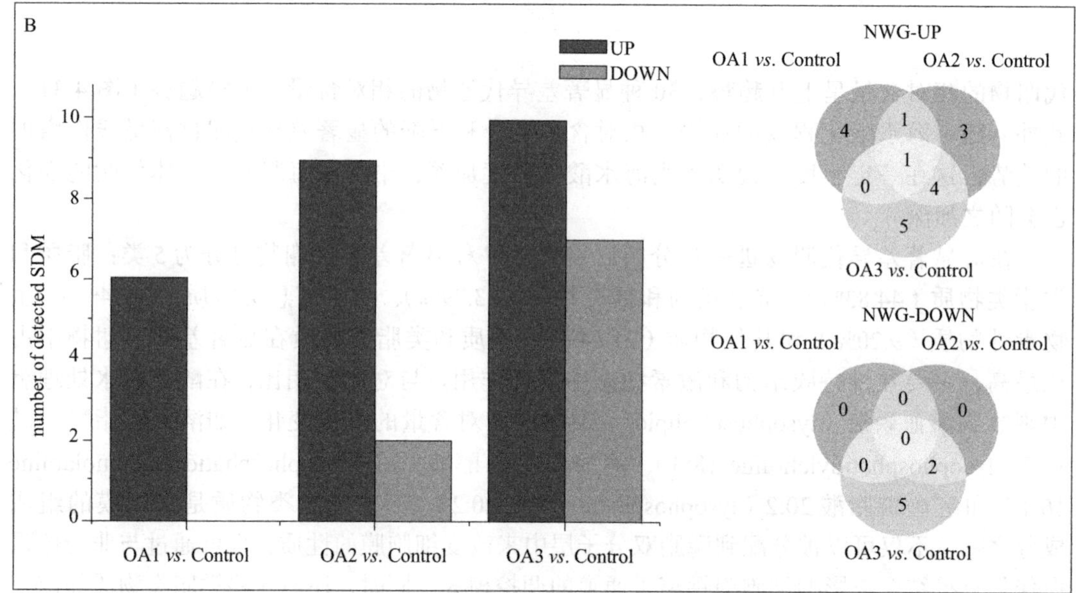

图 4.31 中间球海胆四腕幼体差异代谢物

A 为正离子模式；B 为负离子模式；图中柱形图为差异代谢物数量，韦恩图为不同组差异代谢物比较情况；Control：自然海水 pH；OA1：ΔpH＝－0.3 个单位；OA2：ΔpH＝－0.4 个单位；OA3：ΔpH＝－0.5 个单位

我们对显著差异代谢物进一步进行了 KEGG 富集分析，结果显示，共有 15 个显著差异代谢物被富集至 22 条 KEGG 途径中（图 4.32）。但由于代谢组学数据库的限制，在 3 个酸化海水处理组中分别有 22 种（ΔpH＝－0.3 个单位）、42 种（ΔpH＝－0.4 个单位）和 50 种（ΔpH＝－0.5 个单位）显著差异代谢物未被注释到。其中有 3 个途径的富集水平最高，分别为：嘌呤代谢途径（purine metabolism），鉴定到 5 种显著差异代谢物；谷胱甘肽代谢途径（glutathione metabolism），鉴定到 3 种显著差异代谢物；嘧啶代谢途径（pyrimidine metabolism），鉴定到 2 种显著差异代谢物。谷胱甘肽代谢途径是一种生物体应对环境

压力时常见的代谢途径，在 3 种被鉴定到的显著差异代谢物中还原性谷胱甘肽（reduced glutathione）和 L- 抗坏血酸（L-ascorbate）的相对含量随海水酸化程度的加深而线性增加。作为 2 种典型的抗氧化剂，还原性谷胱甘肽和 L- 抗坏血酸的线性增加，暗示着海水酸化会使中间球海胆四腕幼体体内的活性氧（reactive oxygen species）水平升高，从而导致幼体死亡率增加。嘌呤和嘧啶隶属于核苷酸代谢途径。核苷酸作为细胞增殖过程中的必需物质，可增加 DNA 的合成，并按照中心法则支持细胞周期不同阶段的蛋白质合成。在酸化海水处理组中嘌呤和嘧啶代谢途径降低，说明中间球海胆四腕幼体的 DNA 生物合成减少，这一结果提示，遗传物质合成受到干扰也可能是幼体死亡率增加的原因之一。

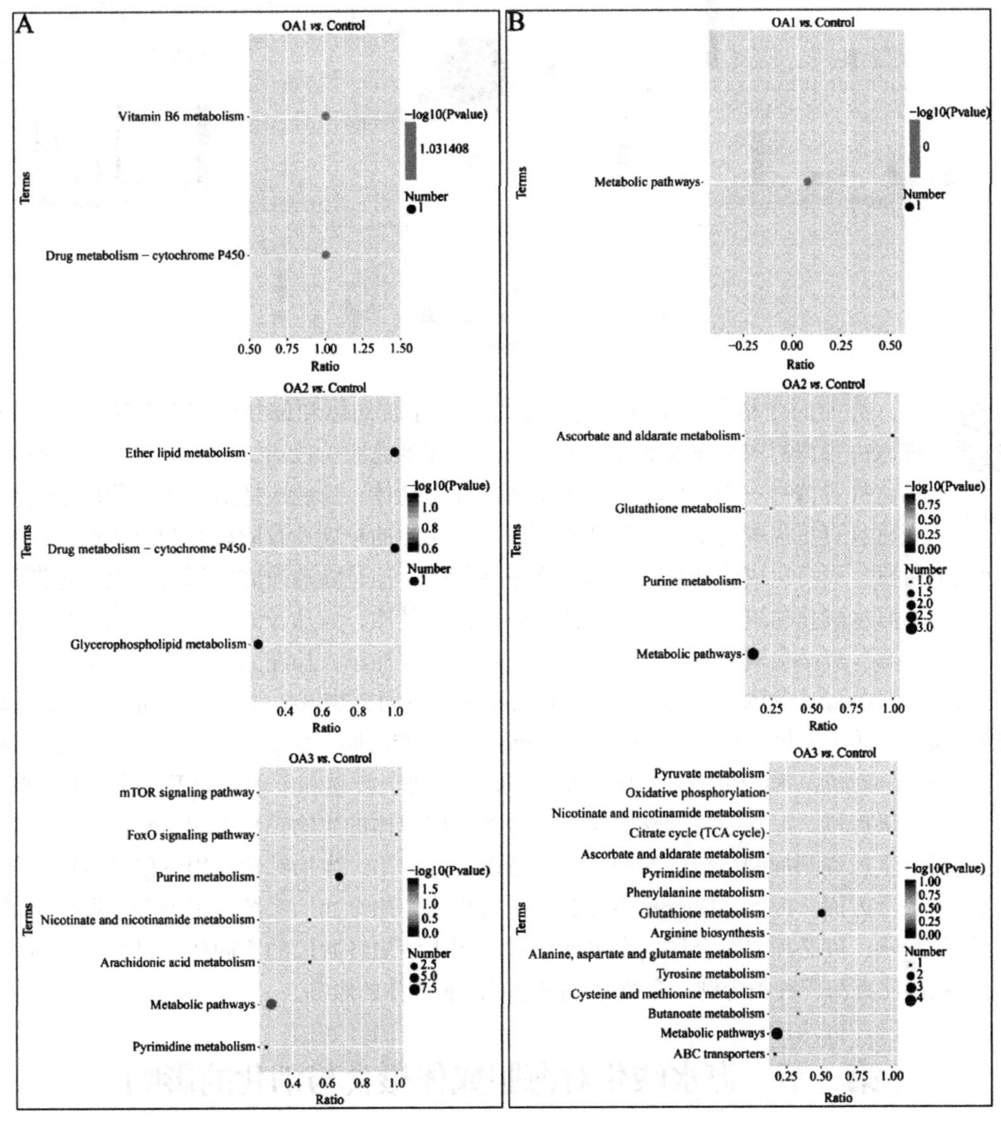

图 4.32　中间球海胆四腕幼体差异代谢物 KEGG 富集分析

A 为正离子模式；B 为负离子模式；Control：自然海水 pH；OA1：ΔpH＝－0.3 个单位；OA2：ΔpH＝－0.4 个单位；OA3：ΔpH＝－0.5 个单位

第五章 海水酸化对海胆成体的影响

图表摘要（Graphical Abstract）

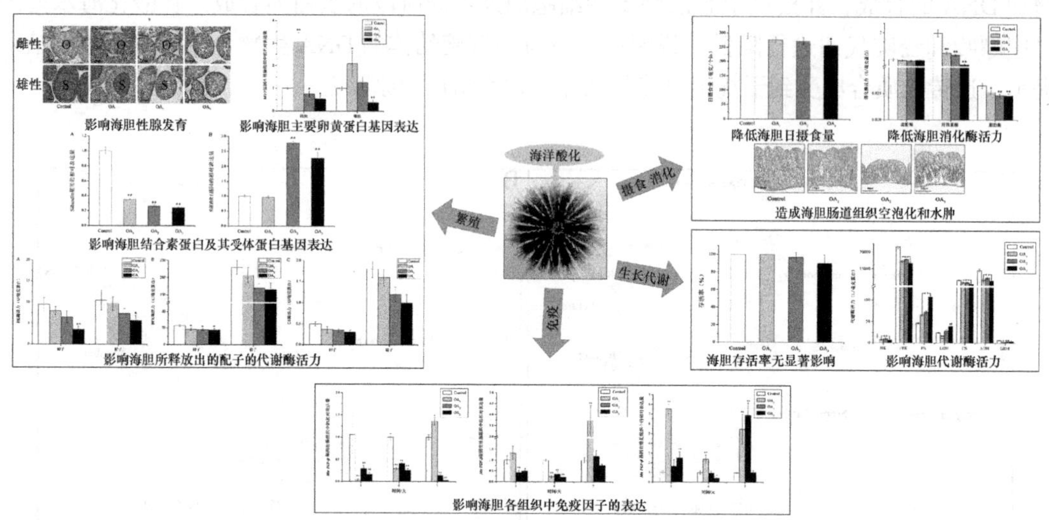

本章彩图请扫码

海胆的受精卵在经过早期胚胎发育、浮游幼体和匍匐变态3个阶段后，开始进入由稚海胆向成体海胆发育的新阶段。在稚海胆阶段后，海胆生出了较为坚实的钙化外骨骼——壳，相较于结构单薄的浮游幼体，海胆成体对海水理化因子的波动变化具有更强的耐受性。早期研究认为，海胆的早期发育阶段是受海水酸化影响最为深刻的阶段，而海胆成体则对海水酸化适应性较强。但是随着研究的深入，人们逐渐认识到，短时的海水酸化胁迫可能对海胆成体的影响微乎其微，但从长远考虑，海水酸化作为一种“选择压力”势必会对海胆成体产生影响。已有报道显示，长期生活于酸化海水中的紫海胆（*H. crasssispina*）的棘结构会变得非常容易断裂，进而影响该物种的运动和敌害防御活动。此外，长期生活于酸化海水中的海胆 *L. variegatus*、马粪海胆（*H. pulcherrimus*）、热带长海胆（*Echinometra viridis*）和白棘三列海胆（*T. gratitla*）的外壳湿重和干重均低于自然海水组水平，这些研究结果提示，海水酸化能够影响不同种类海胆成体的生物钙化作用，导致海胆成体的钙化骨骼的生长受到抑制、结构遭到破坏。值得注意的是，生物钙化作用仅仅是海胆成体生理代谢的一个方面，因此，Dupont 等（2012）曾提出，想全面、系统地了解和掌握海水酸化对海胆的影响，就必须要综合评估海水酸化对海胆生活史各阶段的不同代谢过程的影响。本章将以我国北方海胆种类为例，介绍海水酸化对海胆成体的影响。

第一节　海水酸化对海胆成体摄食与消化的影响

摄食器官是生物体获取维持自身生命体征以及生长发育所需各种营养物质的生理结构，摄食器官的发育和形态与生物体的食性、摄食方式和摄食机能密切相关。海胆成体的摄食器官是口器，由齿（tooth）、齿间肌（muscle in the Aristotle's lantern）及围口膜（peristome membrane）等部分组成，口器受损可能导致海胆对食物的咀嚼和研磨不充分，进而间接地影响海胆对食物的消化。齿是海胆成体口器中唯一的钙化生理结构，也是对酸化海水响应最为敏感的结构。有研究显示，在长期的海水酸化条件下，紫海胆（*H. crasssispina*）成体的齿宽（tooth width）和齿厚（tooth thickness）都会变小，导致齿尖角度（tooth tip angle）增大，进而使口器的形态发生改变而影响其摄食机能，造成紫海胆成体的日平均摄食量呈现下降趋势。

在对中间球海胆（*S. intermedius*）成体的研究中，我们发现，与自然海水中培养的中间球海胆成体相比，培养于海水酸化条件下的中间球海胆成体的日平均摄食量会随着酸化程度的加深而逐渐降低，当海水 ΔpH 为−0.5 个单位时，中间球海胆成体的日平均摄食量显著低于自然海水组（图 5.1）。相似的结果在同为球海胆科的绿球海胆和马粪海胆（*H. pulcherrimus*）成体的研究中也有所发现。然而，一项研究显示，紫海胆（*H. crasssispina*）成体在受到短期（小于 20d）海水酸化胁迫时，摄食量不但没有显著减少反而要高于自然海水组的水平。这些结果也进一步提示，海水酸化作用不仅对海胆早期发育存在明显种属特异性，对于耐受性较强的海胆成体而言也存在一定的种属特异性。

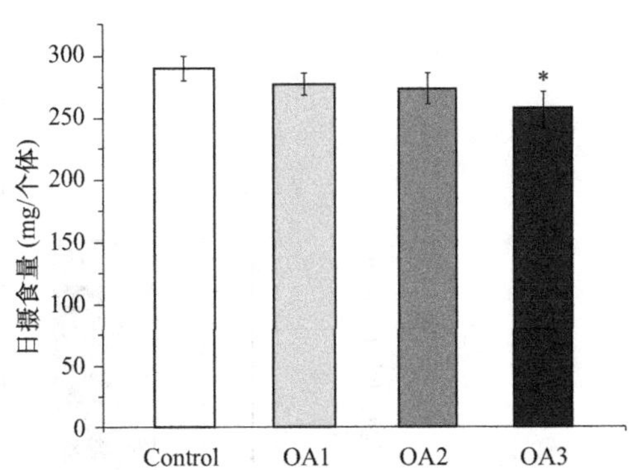

图 5.1　海水酸化对中间球海胆成体相对摄食率的影响

Control：自然海水 pH；OA1：ΔpH＝−0.3 个单位；OA2：ΔpH＝−0.4 个单位；OA3：ΔpH＝−0.5 个单位；*$P<0.05$ 表示与自然海水组相比差异显著；误差线为标准偏差（$n=3$）

肠道（intestine）是海胆成体消化系统的重要组成部分，肠道的生理形态、组织结构以及肠指数（肠重与体重的比值）等，可以间接反映海胆成体的健康状态及其对环境的适应性。在对中间球海胆成体的研究中，我们发现，当中间球海胆成体于海水酸化条件下培养 2 个月后，其肠道组织的组织空泡化和水肿现象呈现一种随着海水酸化程度加深而加重的趋势（图 5.2）。此外，我们还观察到，与自然海水组相比，在海水酸化条件下培养的中间球海胆成体的肠组织中存有较多的炎症细胞（inflammatory cell），这意味着，海水酸化条件不仅能够破坏海胆成体肠道的正常生理组织结构，还可能增加其发生病变的风险。Challener 等（2014）指出，长期生活于海水酸化条件下的海胆 *L. variegatus* 成体的肠重会略有增加，结合我们对中间球海胆成体的研究结果，我们推测这种由于海水酸化导致的海胆成体的肠重增加，可能是由于海胆成体肠组织细胞中出现水肿或炎症细胞数量的增加导致的。

除了肠道组织形态外，海胆成体肠道内各种消化酶的活力也是影响海胆成体消化能力的重要因素。通过研究，我们发现在海水酸化条件下，中间球海胆成体肠道中的纤维素酶、淀粉酶和脂肪酶三种消化酶的活力都呈现出一种下降趋势，其中活力下降最大的是纤维素酶，其次是脂肪酶，而淀粉酶活力的变化则比较微弱（图 5.3）。这些结果也从另一方面证实，海水酸化不仅可以通过改变海胆成体肠道组织结构来影响海胆的消化能力，还可以通过抑制海胆成体肠道内消化酶的活力对海胆成体的消化能力产生负面影响。海胆在成体阶段的主要食

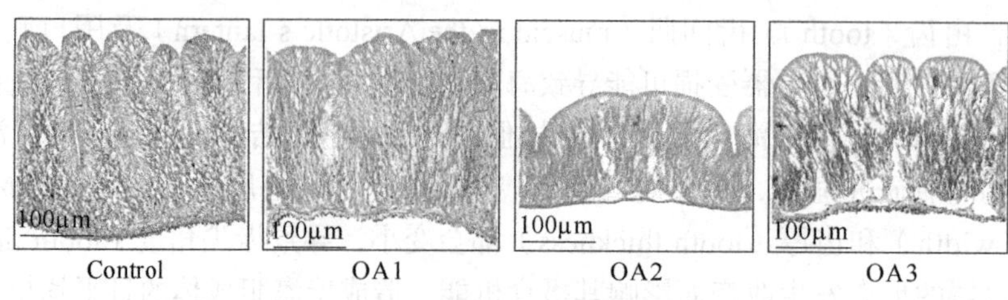

图 5.2 海水酸化条件下成体中间球海胆的肠组织形态

Control：自然海水 pH；OA1：ΔpH＝－0.3 个单位；OA2：ΔpH＝－0.4 个单位；OA3：ΔpH＝－0.5 个单位

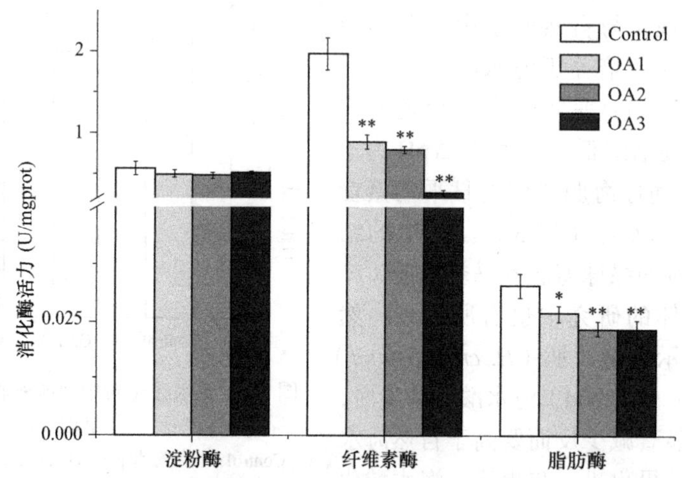

图 5.3 海水酸化条件下中间球海胆的 3 种消化酶活力变化情况

Control：自然海水 pH；OA1：ΔpH＝－0.3 个单位；OA2：ΔpH＝－0.4 个单位；OA3：ΔpH＝－0.5 个单位；$^*P<0.05$ 表示与自然海水组相比差异显著；$^{**}P<0.01$ 表示与自然海水组相比差异极显著；误差线为标准偏差（n=3）

物为含有丰富纤维素的大型藻类，因此，海胆成体消化道内纤维素酶活力的高低可间接反映海胆成体消化能力的强弱，有趣的是，海胆成体自身生产纤维素酶的能力较弱，其肠道中的纤维素酶大部分是由其肠道内的微生物菌群分泌产生，因此，海水酸化对海胆成体肠道纤维素酶活力的显著抑制作用，也提示我们，海水酸化可能是通过破坏海胆成体肠道菌群平衡而对海胆成体的消化能力产生负面影响。

第二节 海水酸化对海胆成体生长、存活及代谢的影响

海胆成体的湿体重是衡量海胆生长速度的重要参数，而海胆成体的钙化结构的生长和软体组织的生长则是决定海胆成体湿体重的两个重要方面。海胆成体的钙化结构较浮游幼体更为复杂，主要包括棘、壳和口器等。其中，海胆成体的壳是其钙化结构中所占比例最大的部分，有研究显示，长期培养于酸化海水中的海胆（*L. Variegatus*）和白棘三列海胆（*T. gratitla*）成体壳的壳重显著低于培养于自然海水中的个体。我们的研究也证实，在海水酸化条件下培养两个月的中间球海胆（*S. intermedius*）成体的壳径显著低于培养于自然海水组中的个体（表 5.1）。这些结果提示，海水酸化对于海胆成体钙化外壳的生长的影响是负面和消极的。但是，对于对马粪海胆（*H. pulcherrimus*）、紫海胆（*H. crasssispina*）和海胆（*L.

variegatus）而言，随着海水酸化程度的加深，这三种海胆成体的口器重量却呈现一种随海水 pH 降低而逐渐增加的趋势。以上结果显示，海水酸化可通过抑制海胆成体钙化外壳的生长而降低其湿体重；此外，我们还发现，即使是同一个海胆个体，其不同钙化结构对海水酸化的响应机制也并不相同，这一结果提示，海水酸化对海胆成体的影响是非常复杂的。

海胆成体的软体组织主要包括消化道、性腺和管足等组织，其中消化道和性腺的重量在决定海胆湿体重方面的作用尤为突出。在对紫海胆（*H. crasssispina*）的研究中，人们发现面对长时间的海水酸化胁迫，该种类海胆的肠道重量并未受到显著影响，但是，其性腺重和湿体重却均显著低于培养于自然海水中的个体。而在马粪海胆（*H. pulcherrimus*）的研究中，人们发现培养于酸化海水中的马粪海胆的肠重量与培养于自然海水中的个体的肠重量相比呈现下降趋势。上述结果表明，海水酸化可能通过抑制海胆性腺或消化道的增重而对海胆成体的湿体重产生负面影响。

表 5.1 海水酸化对成体中间球海胆体重和壳径的影响

处理条件	pH	pCO_2（kPa）	净增长湿体重 /g	净增长壳径 /mm	存活率（%）
Control	8.10±0.03	53.32±2.17	3.28	3.10	100.00
OA1	7.82±0.03	107.30±7.34	2.39	2.08	100.00
OA2	7.68±0.03	158.68±6.35	0.67	1.39	96.67
OA3	7.55±0.04	215.33±9.57	1.06	1.17	90.00

现有研究显示，与温度和盐度这类随气候和洋流变化波动较大的环境因子相比，海水酸化对于成体海胆产生的胁迫压力相对较小并且不会导致海胆成体的大规模死亡。与早期发育阶段海胆对于海水酸化的敏感性相比，海胆成体对海水酸化的响应则呈现出一种耐受性。在海水酸化条件下，紫海胆（*H. crasssispina*）成体、中间球海胆（*S. intermedius*）成体和马粪海胆（*H. pulcherrimus*）成体的存活率均在 90% 以上，有时甚至可达到 100%。这些结果也提示我们，海水酸化能够显著降低海胆幼体阶段的存活率，但对于那些规格、年龄较大的成体海胆来说，海水酸化对成体海胆存活的影响却并不显著（图 5.4），而是通过降低机体代谢水平、抑制免疫系统防御功能等方面间接影响成体海胆的生长发育及存活。这也是现阶段海水酸化难以引起广泛关注的主要原因，海水酸化虽然未能造成成体海胆存活数量的显著减少，但一些潜在的不利影响，如抑制海胆生长、限制海胆性腺发育、降低性腺产量等问题不容忽视。一些强有力的措施也应该尽早开展，如通过培育耐酸化新品种和水质调控，或者研发耐酸化饲料等手段，以应对未来的海水酸化环境。

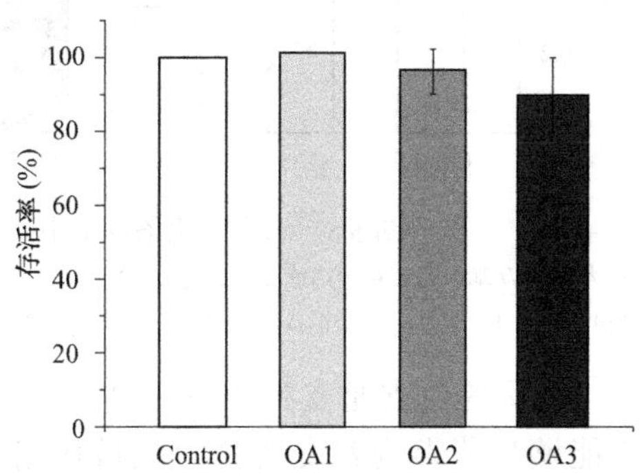

图 5.4 海水酸化对中间球海胆存活率的影响

Control：自然海水 pH；OA1：ΔpH＝−0.3 个单位；OA2：ΔpH＝−0.4 个单位；OA3：ΔpH＝−0.5 个单位；误差线为标准偏差（n=3）

虽然较高的存活率从一定程度上反应出海胆成体对于海水酸化的耐受性，但是这并不意味着海水酸化不会对海胆成体的生理过程产生影响。首先，随着海水中 pCO_2 的升高（海水 pH 降低），海水中的氧气含量呈下降趋势，对作为耗氧生物的海胆而言，其耗氧率必然会受到一定的影响。例如，在海水酸化条件下，紫海胆（*H. crasssispina*）和绿海胆（*S. droebachiensis*）成体的耗氧率均呈现出一种随海水 pH 降低而逐渐降低的趋势。此外，Hu 等（2014）指出，在海水酸化条件下（pH=7.3），海蛇尾动物（*Amphiura filiformis*）体内参与无氧呼吸的乳酸脱氢酶基因的相对表达会显著下降，这一结果提示，海水酸化可能驱动海蛇尾动物的生理代谢方式向无氧代谢方向偏移。我们的研究也发现，中间球海胆中参与无氧代谢的乳酸脱氢酶基因（*SiLDH*）的相对表达随着酸化程度的加深呈现先下调后上调的趋势，同时乳酸脱氢酶的活力也随着酸化程度的加深呈现先下降后升高的趋势。这意味着当海水酸化增强到一定程度之后，海胆可能通过提高 SiLDH 基因的表达和 LDH 活性来缓解海水酸化带来的负面影响（图 5.5）。综合以上结果不难发现，海水酸化条件会导致海胆成体的呼吸作用减弱，而“呼吸困难”的海胆成体则可能通过增强自身的无氧代谢水平来应对这一环境因素的改变。

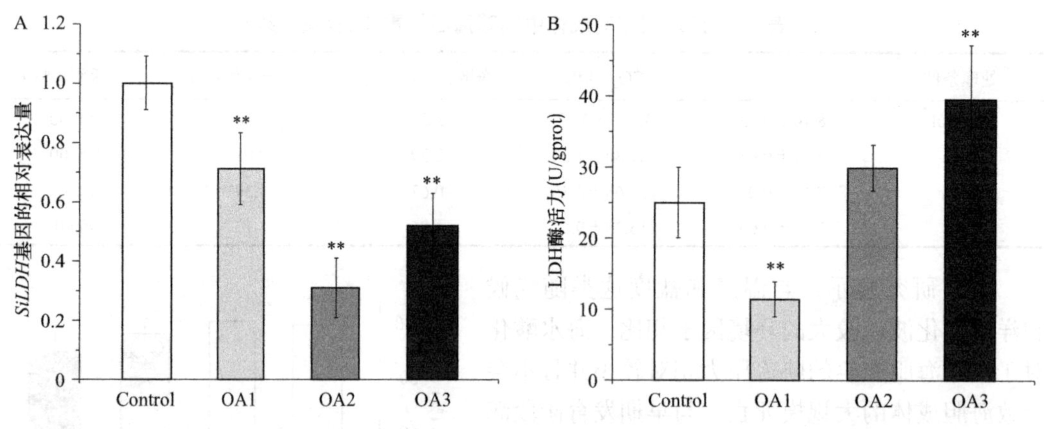

图 5.5 海水酸化条件下中间球海胆肠组织乳酸脱氢酶的相对表达情况

A 为 *SiLDH* 基因的相对表达情况；B 为 LDH 酶活力变化情况；Control：自然海水 pH；OA1：ΔpH=−0.3 个单位；OA2：ΔpH=−0.4 个单位；OA3：ΔpH=−0.5 个单位；$^{**}P<0.01$ 表示与自然海水组相比差异极显著；误差线为标准偏差（$n=3$）

能量的收支是支撑生命个体维持正常生理代谢的重要保障。有报道指出，海水酸化能够显著影响棘皮动物的能量代谢过程。例如，海水酸化能通过显著降低刺参（*A. japonicus*）对于碳和氮的摄入而改变其能量的分配方式。就海胆而言，有学者指出，海胆可能通过缩小身体体积方式来节约能量用以补偿海水酸化对其生理代谢过程的影响。我们从能量代谢产生的糖的彻底有氧氧化通路入手，通过探究海水酸化条件下，中间球海胆成体中糖的彻底有氧氧化通路的关键酶活力的变化情况，分析海水酸化对海胆成体能量收支的影响。在对中间球海胆（*S. intermedius*）进行为期 2 个月的酸化处理后，我们对海胆肠道组织中的参与糖酵解和三羧酸循环关联途径中的共 7 种关键酶的酶活力进行了测定，结果显示，与对照组相比，酸化组中糖酵解途径中的 2 种关键限速酶——己糖激酶和磷酸果糖激酶的酶活力呈显著下降趋势；而参与调控“丙酮酸—乳酸”循环途径的 2 种关键酶——丙酮酸激酶与乳酸脱氢酶却呈现出逐渐升高的趋势；同时，我们还观察到，酸化组肠组织中 3 种有氧代谢途径的关键酶——柠檬酸合酶、琥珀酸脱氢酶以及谷氨酸脱氢酶的酶活力相较于对照组也呈现出显著下降的趋势（图 5.6）。以上的结果表明，受海水酸化影响，海胆成体肠组织中参与有氧代谢途径的大部分代谢酶的活力显著降低。因此我们有理由推测，面对未来的酸化环境胁迫，海胆自身可能通过转换能量的获取模式，即促进能量代谢由复杂的有氧代谢过程向高效的无氧代谢过程转化，以便迅速获取能量供应、缓解海水酸化带来的负面影响。

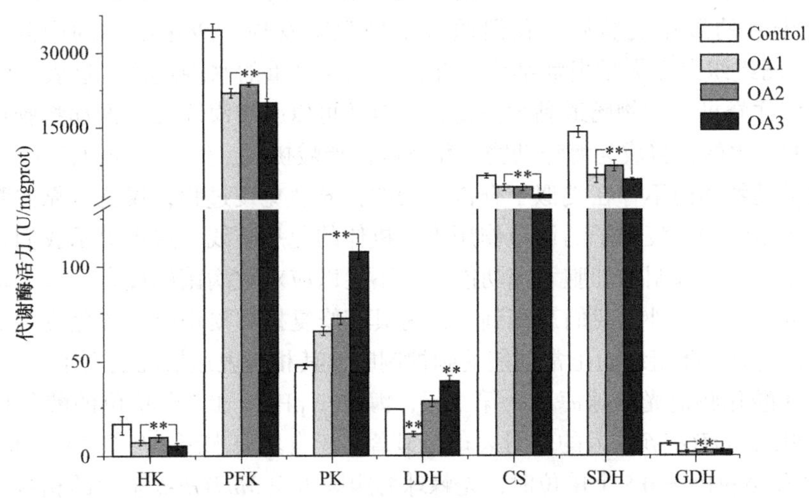

图 5.6 海水酸化条件下中间球海胆肠组织 7 种代谢酶活力的变化情况

Control：自然海水 pH；OA1：ΔpH=－0.3 个单位；OA2：ΔpH=－0.4 个单位；OA3：ΔpH=－0.5 个单位；$^{**}P<0.01$ 表示与自然海水组相比差异极显著；误差线为标准偏差（$n=3$）

第三节 海水酸化对海胆成体免疫功能的影响

海胆属于高等的海洋无脊椎动物，也是最原始的后口动物（Deuterostomia），是衔接无脊椎动物向脊椎动物进化的重要分支，也是比较免疫学领域推演先天免疫（又称非特异性免疫）系统起源的重要模式生物。根据功能和反应方式的不同，海胆的先天免疫反应可以分为体液免疫和细胞免疫两大类。宽阔的真体腔是海胆免疫应答的主要场所，其中包括了类似淋巴的体腔液、具有吞噬和“趋化”作用的体腔细胞以及种类较为丰富的免疫相关因子。

开管式循环系统决定了海胆的体液与海水之间无时无刻不在进行着交换，而当海水理化因子发生改变时，海胆的体液也可能会相应地随之发生变化。一般情况下，当海水 pH 发生改变时，海胆可通过自身的 pH 调节机制“缓冲”海水 pH 变化对自身酸碱平衡的影响，但是，研究显示，当海水 ΔpH≤－0.4 个单位时，海胆 *L. variegatus* 成体体腔液的 pH 在 24h 左右就会显著降低，且随着酸化时间的延长，pH 下降越来越剧烈。pH 是影响蛋白功能和活性的重要理化因子，因此，由于海水酸化引起的海胆体腔液 pH 的改变，可能会影响海胆体腔液中那些具有免疫防御功能的蛋白类因子（如凝集素、溶血素和酚氧化酶等）的活性和功能，进而对海胆的体液免疫产生一定的负面作用。此外，Figueiredo 等（2016）的研究证实，海水酸化对海胆 *Echinometra lucunter* 体腔内的具吞噬作用的变形细胞数量和吞噬指数（phagocytic indices，PI）均没有显著影响，但却能通过抑制变形细胞的扩散运动和降低其吞噬能力（phagocytic capacity，PC）进而对海胆 *E. lucunter* 的免疫系统产生负面影响。

除了体腔液外，我们的研究还发现，海水酸化对海胆成体其他重要组织（如肠道、性腺和管足等）中的免疫防御也会产生不同程度的影响。肠道是海胆主要的消化器官，是海胆吸收、转化和代谢营养物质的主要场所。有研究表明，酸化环境使海湾豹蟾鱼（*Opsanus beta*）和大西洋鳕鱼（*Gadus morhua*）的肠道黏膜发生损伤。同样地，在对中间球海胆进行为期2个月的酸化实验后，我们通过生理观察发现，酸化组中的中间球海胆（*S. intermedius*）肠组织存在大量炎症细胞，并出现较为严重的水肿现象，这表明海水酸化不仅可以造成海洋脊椎类动物肠道黏膜损伤，甚至还可以引发海洋无脊椎动物肠道组织的炎性反应，因此海水酸化将成为海洋动物消化系统的严峻挑战。然而，与海洋鱼类不同的是，海胆等棘皮类动物体内不存在类似于脊椎动物的特异性免疫过程，仅能依靠体腔细胞的吞噬作用以及各组织中免疫因子的调节作用维持机体的免疫防线。这也提示我们，在未来的海水酸化环境中，被抑制的细胞吞噬功能可能不足以应对致病菌的侵害，这无疑增加了海胆种群患病的风险。此外，我们观察到，作为具有修复机体损伤能力的免疫调节因子——*TGF-β* 基因，当海胆肠组织的正常功能受到抑制时，其相对表达情况也发生了一定的变化。具体来说，在酸化胁迫光棘球海胆的第7天，海水 ΔpH＝－0.3 个单位的酸化环境中，光棘球海胆肠组织 *MnTGF-β* 基因的相对表达量显著高于自然海水组（$P<0.05$）；但当 ΔpH＝－0.4 个单位和 ΔpH＝－0.5 个单位时，光棘球海胆肠组织 *MnTGF-β* 基因的相对表达量均极显著低于自然海水组（$P<0.01$）（图 5.7）。在对中间球海胆酸化处理2个月后，我们发现，酸化组中间球海胆肠组织 *SiTGF-β* 基因的相对表达量均极显著低于对照组（$P<0.01$），而另一种参与免疫调节的肿瘤坏死因子 *SiTNF-14* 基因却随着酸化程度的加深呈现先显著上调（$P<0.01$）后下调的趋势（图 5.8）。从结果中我们推测，海水酸化条件下，光棘球海胆的

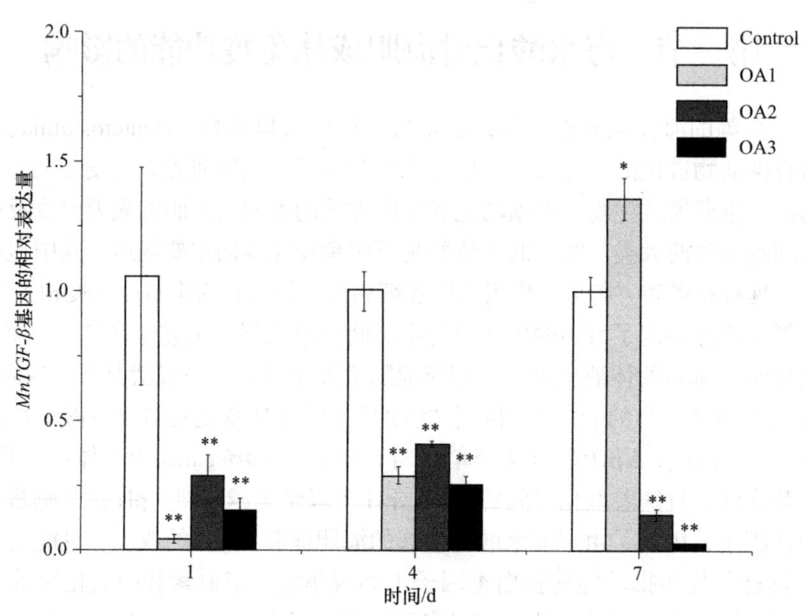

图 5.7　海水酸化条件下光棘球海胆肠组织中 *MnTGF-β* 的相对表达情况

Control：自然海水 pH；OA1：ΔpH＝－0.3 个单位；OA2：ΔpH＝－0.4 个单位；OA3：ΔpH＝－0.5 个单位；$^*P<0.05$ 表示与自然海水组相比差异显著；$^{**}P<0.01$ 表示与自然海水组相比差异极显著；误差线为标准偏差（$n=3$）

肠道黏膜结构可能已经遭到破坏，当酸化时间较短或酸化程度较轻（ΔpH=−0.3 个单位）时，海胆可通过上调肠组织中 *TGF-β* 基因的相对表达以发挥其免疫调节功能，参与海胆肠道黏膜修复等过程；但当海水酸化时间延长或海水酸化程度不断加深时（ΔpH≤−0.4 个单位），海胆肠组织中 *TGF-β*、*TNF14* 等基因的相对表达也受到严重抑制，可能无法再通过这种免疫调节途径对由海水酸化造成的肠道损伤进行修复，而有关海胆是否存在其他调节途径以及具体的调控机制仍需进一步深入研究。

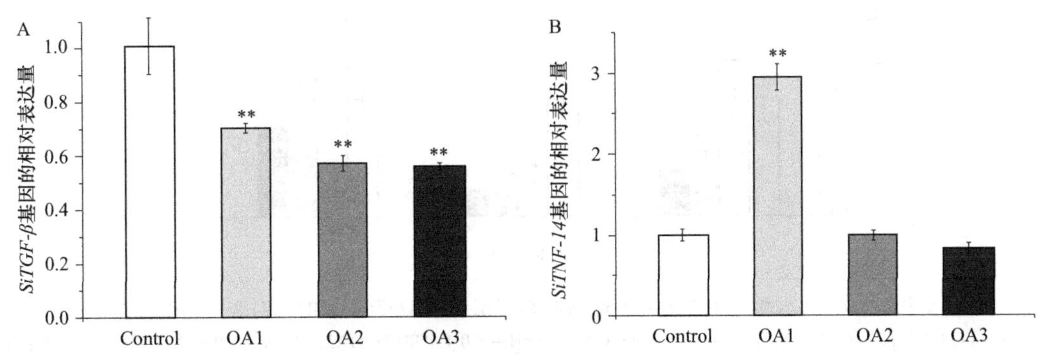

图 5.8 海水酸化条件下中间球海胆肠组织中 *SiTGF-β* 及 *SiTNF-14* 的相对表达情况

A 为 *SiTGF-β* 基因的相对表达情况；B 为 *SiTNF-14* 基因的相对表达情况；Control：自然海水 pH；OA1：ΔpH=−0.3 个单位；OA2：ΔpH=−0.4 个单位；OA3：ΔpH=−0.5 个单位；$^{**}P<0.01$ 表示与自然海水组相比差异极显著；误差线为标准偏差（$n=3$）

另外，*TGF-β* 基因也参与海胆性腺和管足组织响应海水酸化的免疫调节过程。性腺不仅是海胆重要的繁殖器官，更是养殖海胆最重要的经济性状。在酸化处理光棘球海胆实验中，我们发现随着酸化时间的逐渐推移，各酸化处理组中光棘球海胆性腺组织 *MnTGF-β* 基因的相对表达情况均呈现先降低后升高的一致趋势（图 5.9）。据报道称，长期的海水酸化胁迫会造成绿海胆（*S. droebachiensis*）和马粪海胆（*H. pulcherrimus*）性腺的延迟发育。由此我们推测，短期急性的海水酸化胁迫同样会对海胆性腺组织造成一定的负面影响。随着酸化胁迫时间的增长，海胆可能通过显著地上调表达 *TGF-β* 基因来补偿海水酸化对性腺发育的延滞作用，以促进光棘球海胆性腺的正常发育，然而更为深入的机制仍需进一步的研究和探索。管足不仅是海胆的感觉、运动和依附器官，也是海胆感知外界环境变化或刺激并做出快速反应的重要防御器官。当海水 ΔpH 下降 0.3～0.4 个单位时，光棘球海胆管足中的 *MnTGF-β* 基因在酸化胁迫的第 7 天出现极显著的上调表达（$P<0.01$）（图 5.10）。目前，尚未有其他研究报道过海胆管足中 *TGF-β* 基因在应对环境胁迫过程中的作用，但我们根据结果推测，在酸化胁迫下，海胆可能通过提高管足组织中 *TGF-β* 基因的相对表达量以响应外界环境的变化或刺激，进而提高其防御作用。总之，海水酸化能够显著地改变成体海胆的免疫调节，即使在不同酸化程度、不同胁迫时间、不同组织及不同的海胆种类条件下，所得到的结果有所差异但基本趋于一致，即海胆自身可通过上调免疫调节因子的表达来积极响应海水酸化胁迫，但随着酸化程度的加重和时间的延长，这种免疫调节能力将显著下降，海胆的免疫防御功能依旧受到海水酸化的严峻挑战。

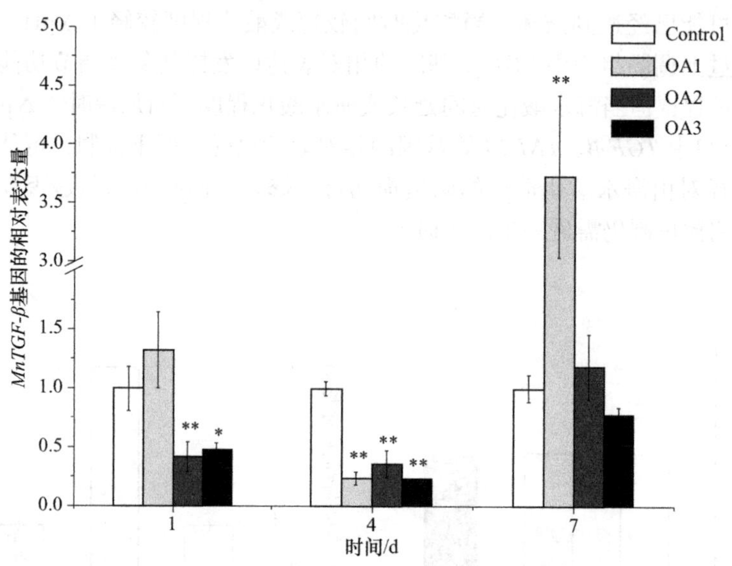

图 5.9 海水酸化条件下光棘球海胆性腺组织中 *MnTGF-β* 的相对表达情况

Control：自然海水 pH；OA1：ΔpH=−0.3 个单位；OA2：ΔpH=−0.4 个单位；OA3：ΔpH=−0.5 个单位；$^*P<0.05$ 表示与自然海水组相比差异显著；$^{**}P<0.01$ 表示与自然海水组相比差异极显著；误差线为标准偏差（$n=3$）

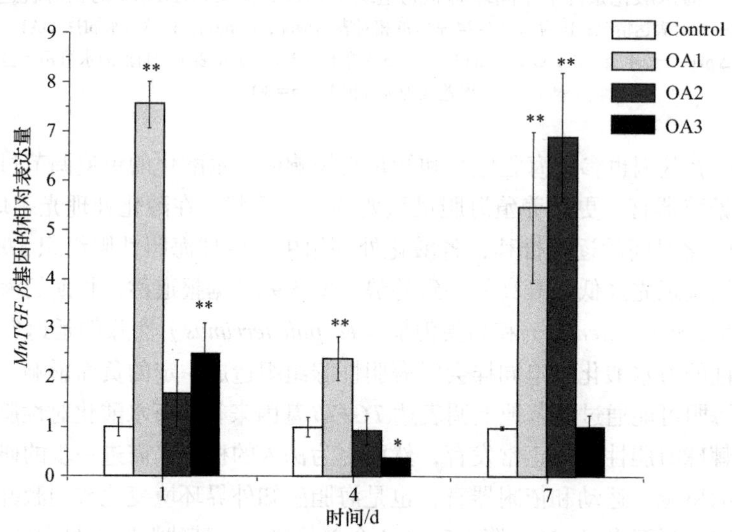

图 5.10 海水酸化条件下光棘球海胆管足组织中 *MnTGF-β* 的相对表达情况

Control：自然海水 pH；OA1：ΔpH=−0.3 个单位；OA2：ΔpH=−0.4 个单位；OA3：ΔpH=−0.5 个单位；$^*P<0.05$ 表示与自然海水组相比差异显著；$^{**}P<0.01$ 表示与自然海水组相比差异极显著；误差线为标准偏差（$n=3$）

第四节 海水酸化对海胆成体繁殖能力的影响

繁殖（reproduction）是生物新个体产生和种群延续的生物学过程，影响生物体繁殖的因素主要包括遗传因素和环境因素两大方面。海胆为体外受精的海洋无脊椎动物，因此，海水不仅是海胆赖以生存的栖息媒介，也是影响海胆繁殖过程的重要介质。

性腺是海胆配子发育和成熟的重要场所，性腺的发育状态与海胆配子的成熟密切相关。一般情况下，用于衡量海胆成体性腺发育状态的指标主要有性腺重、性腺指数（gonad index，GI）和性腺发育分期。研究显示，海水的 pCO_2 从 380mg/L 上升至 3000mg/L 时，随着酸化程度加深，紫海胆成体的性腺重及 GI 均呈现显著降低的趋势。Mos 等（2016）研究发现，海水酸化处理 6 周后即可导致白棘三列海胆性腺指数的降低，而在对马粪海胆进行长期海水酸化胁迫后，结果显示，随着酸化时间的推移，培养于酸化海水条件下的马粪海胆的性腺指数在度过繁殖季节后却高于培养于自然海水中的个体，推测其原因可能是海水酸化造成了海胆性腺发育的延迟，自然海水中海胆个体的性腺先于酸化海水中的个体成熟并释放了配子。组织切片观察进一步证实，长期的海水酸化胁迫确实可以减少梅氏长海胆和中间球海胆性腺中成熟配子的数量。以中间球海胆为例，在生殖季前进行长达 4 个月的海水酸化胁迫后，培养于酸化海水中的中间球海胆的性腺中的生殖泡较小且成熟精卵较少，而同期培养于自然海水组中的中间球海胆的性腺则发育良好，生殖泡较大且充满成熟的精子和卵子（图 5.11）。上述结果提示，抑制配子的成熟和减少配子数量可能是海水酸化对海胆繁殖能力产生负面影响的一个主要方面。

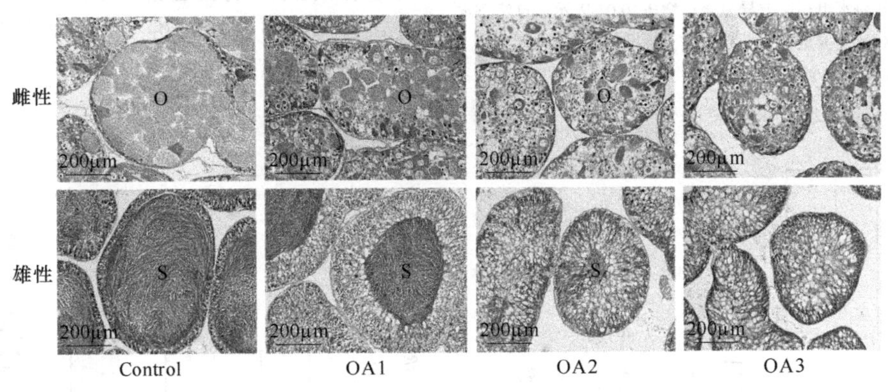

图 5.11 海水酸化对中间球海胆性腺的生理结构的影响

O 代表卵子细胞（ovum）；S 代表精子细胞（spermatid）

一些观点认为，海水酸化可能通过抑制海胆性腺中主要卵黄蛋白（major yolk protein，MYP）的合成对海胆成体的性腺发育以及配子的成熟产生负面作用。海胆性腺中的主要卵黄蛋白主要由营养吞噬细胞（nutritive phagocyte，NP）产生，能够为配子的生成和后续的早期发育阶段提供必要的营养物质，是繁殖期海胆体内的一种主要供能来源。在长期的海水酸化条件下，随海水酸化程度的加深，中间球海胆个体中的 *MYP* 基因的相对表达呈现先上调后下调的趋势（图 5.12）。这一结果提示，海胆个体可能通过提高 *MYP* 基因的表达来适应较低程度的海水酸化条件，但随着酸化程度的加深，海胆对海水酸化的调节能力逐渐被削弱，使 *MYP* 基因的相对表达显著下降，导致主要卵黄蛋白合成显著减少，性腺发育和配子成熟所需的营养物质减少，最终导致海胆出现性腺发育不良和配子成熟延滞等问题出现。结合素蛋白主要分布于成熟海胆精子的顶体部位，而结合素蛋白受体蛋白则是存在于成熟海胆卵子表面的一种跨膜糖蛋白。在前面的研究结果中有提到，海水酸化能够显著地影响海胆配子中相关结合蛋白的基因表达。此外，我们对

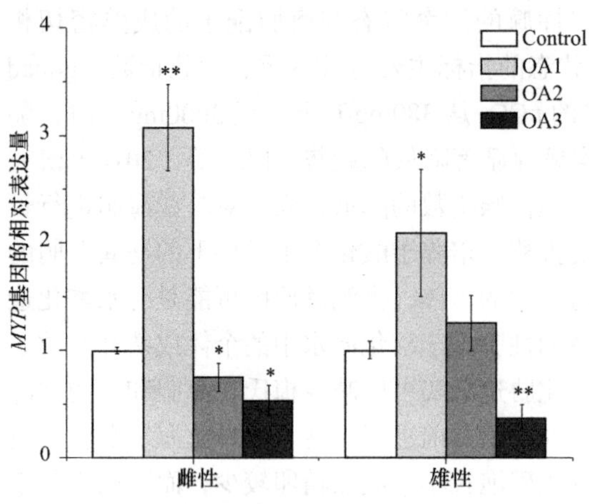

图 5.12 海水酸化对中间球海胆性腺中 *MYP* 基因表达的影响

Control：自然海水 pH；OA1：ΔpH＝−0.3 个单位；OA2：ΔpH＝−0.4 个单位；OA3：ΔpH＝−0.5 个单位；$*P<0.05$ 表示与自然海水组相比差异显著；$**P<0.01$ 表示与自然海水组相比差异极显著；误差线为标准偏差（$n=3$）

中间球海胆成体的研究中还发现，海胆个体性腺中的配子识别蛋白基因的相对表达模式也受到海水酸化影响。与对照组相比，酸化组雄性中间球海胆性腺中的结合素蛋白基因（*Sibindin*）的相对表达量呈现显著上调的趋势，而雌性中间球海胆性腺中的结合素蛋白受体蛋白基因（*SiEBR1*）的相对表达量却呈现显著下调趋势（图 5.13）。这一结果表明，雌雄海胆个体在响应海水酸化的方式上存在不同，结合海水酸化对海胆雌雄配子的影响结果，我们不难得出这样的结论，海水酸化对海胆配子结合蛋白基因表达的影响不仅仅局限在配子的释放阶段，而在更早的配子形成阶段，也就是性腺的成熟期就已经开始发挥作用，但就其具体的机制还需进一步深入的研究。

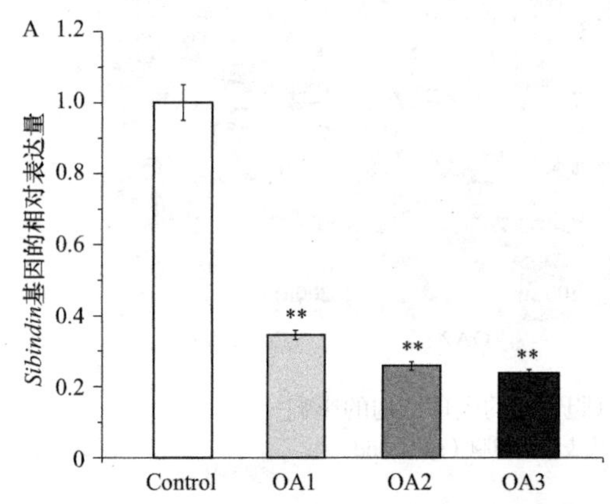

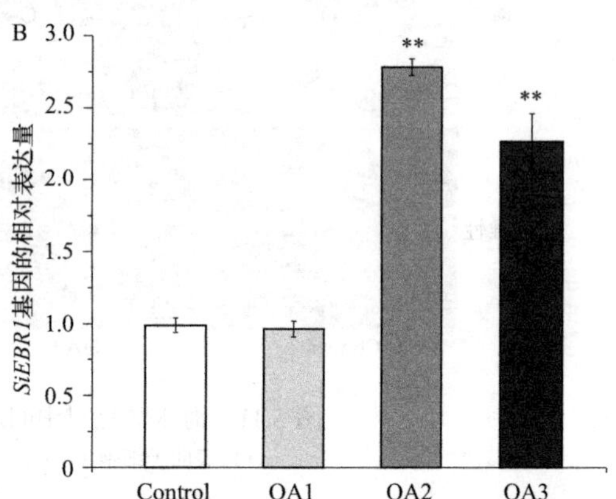

图 5.13 海水酸化对中间球海胆性腺中 *Sibindin* 和 *SiEBR1* 表达的影响

A 为 *Sibindin* 基因的相对表达情况；B 为 *SiEBR1* 基因的相对表达情况；Control：自然海水 pH；OA1：ΔpH＝−0.3 个单位；OA2：ΔpH＝−0.4 个单位；OA3：ΔpH＝−0.5 个单位；$**P<0.01$ 表示与自然海水组相比差异极显著；误差线为标准偏差（$n=3$）

从以上结果不难看出，由海水酸化导致的海胆性腺发育不良和配子成熟延滞可能通过延长海胆的性成熟周期而改变海胆的繁殖周期，进而对海胆类生物的种群延续和群体规模产生深刻的影响。但是也有研究指出，处于繁殖期的海胆个体可能在性腺尚未充分成熟的情况下，通过提前释放配子来应对海水酸化所带来的负面影响。在近期的一项研究中，我们在繁殖季节前将中间球海胆个体分别培养于自然海水和不同海水酸化条件下，经过为期 4 个月的培养后，将这些培养于不同海水 pH 条件下的海胆个体作为亲本进行催产，分别收集配子，对不同亲本释放的配子中的己糖激酶、磷酸果糖激酶和柠檬酸合酶的活力进行分析比较，结果显示，培养于海水酸化条件下海胆亲本所释放的配子中的这 3 种酶活力均显著低于培养于自然海水条件下的海胆亲本所释放的配子（图 5.14）。己糖激酶、磷酸果糖激酶和柠檬酸合酶是糖类的彻底有氧氧化途径的关键限速酶，这 3 种酶活力的高低一定程度上反映了生物体内能量产生的强弱，对于海胆的配子而言，充足的能量供应是保障海胆精子运动活力、精卵融合以及受精卵后续发育的基础。而我们后续的研究结果也发现，培养于海水酸化条件下海胆亲本所释放的配子的受精率显著低于培养于自然海水条件下的海胆亲本所释放的配子的受精率（图 5.15）。综合上述结果，我们可以推断，海水酸化可能通过制约能量产生的方式对遭受海水酸化胁迫的海胆的子代产生消极作用，进而影响海胆种群的延续以及种群规模的维持。

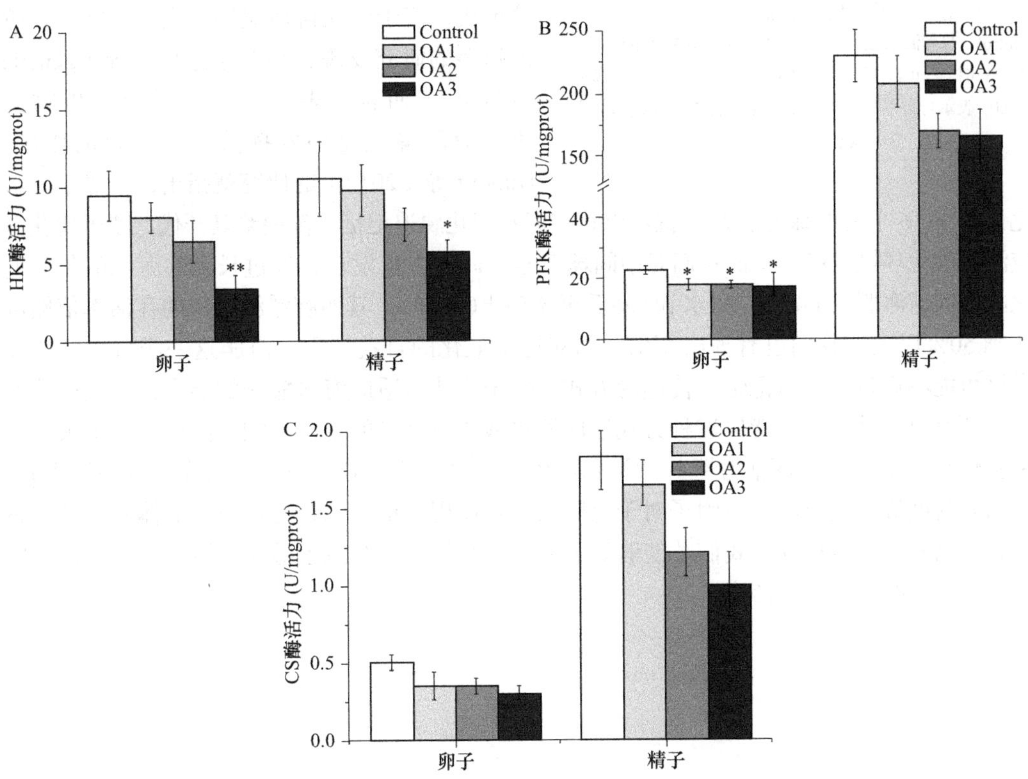

图 5.14　培养于自然海水和酸化海水中的中间球海胆亲本所释放配子中的 3 种代谢酶活力比较

A 为 HK 酶活力变化情况；B 为 PKK 酶活力变化情况；C 为 CS 酶活力变化情况；Control：自然海水 pH；OA1：ΔpH=−0.3 个单位；OA2：ΔpH=−0.4 个单位；OA3：ΔpH=−0.5 个单位；*$P<0.05$ 表示与自然海水组相比差异显著；**$P<0.01$ 表示与自然海水组相比差异极显著；误差线为标准偏差（$n=3$）

毋庸置疑，仅就目前有限的研究而言，海水酸化对海胆的繁殖以及子代数量具有比较明显的消极作用，但是我们也需要意识到，现有的研究大都仅仅关注海水酸化对不同种类海胆单一世代或某个特定生活史阶段的影响，缺乏海水酸化条件下，海胆生活史各阶段以及连续多个世代响应海水酸化的数据和资料，这同时也会影响我们对海水酸化条件下海胆的生理响应和生态响应的充分认识和理解。面对逐渐“变酸”的海洋，海胆类是否能够继续生存和繁

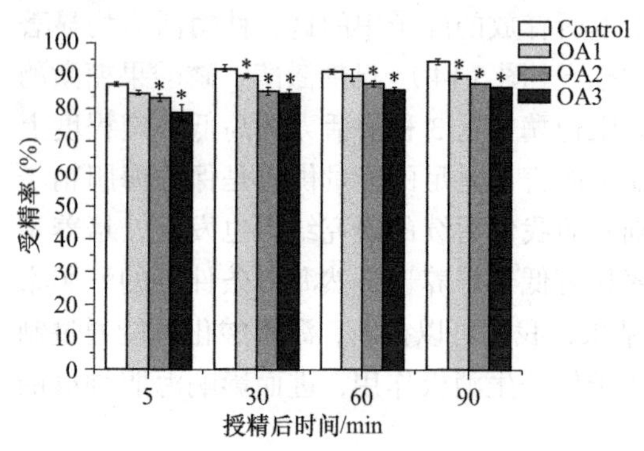

图 5.15 海水酸化对长期酸化处理后的中间球海胆受精率的影响

Control：自然海水 pH；OA1：ΔpH＝－0.3 个单位；OA2：ΔpH＝－0.4 个单位；OA3：ΔpH＝－0.5 个单位；*$P<0.05$ 表示与自然海水组相比差异显著；误差线为标准偏差（$n=3$）

衍是我们应该最为关注的问题。在自然界中，生物响应环境变化的策略主要有 3 种方式：一是通过逃避性生境调整（habitat adjustment），即通过改变种群的生态分布而适应环境的变化；二是在长期环境变化压力的驱动下，通过产生新的变异（new mutations）而产生对环境变化的适应性；三是对环境变化压力产生“胁迫记忆”（stress memory），并通过表型可塑性适应（phenotype plasticity acclimation）改变某些基因的表达模式而将这种“胁迫记忆”传递给子代，使子代获得适应环境变化的能力。越来越多的研究发现，相对于遗传变异（genetic variation）而言，表型可塑性适应在生物快速响应环境变化中发挥着更为重要的作用。Dupont 等（2012）的研究就指出，培养于海水酸化条件下 16 个月的绿海胆亲本就可以将“海水酸化胁迫记忆”传递给其子代，使子代获得适应海水酸化环境的能力；而我们对中间球海胆的研究中也发现，经过长期的海水酸化胁迫驯化的中间球海胆的 F4 代在海水 pH 降低至 7.55±0.04 时，其四腕浮游幼体的存活率依然可以达到 50% 以上。我们也有理由相信，面对海水酸化的日益严重，海胆这一浅海生物的代表类群可能将通过“胁迫记忆”传递的方式，使子代获得适应海水酸化的能力，但是这并不意味着所有海胆种类都可能以这种方式适应海水酸化所带来的复杂影响。因此，在未来的工作中我们仍需不断扩大评估海胆的种类和群体，同时在评估时，我们还需充分考虑海水 pH 与水温和盐度等其他海洋环境因子对于海胆的交互作用，更要综合考量海胆群体栖息的生态环境和食物网，只有这样，我们才能够更为充分和系统地了解海水酸化对海胆类多样性、生态分布以及种群规模等的影响。

主要参考文献

鲍颖，乔方利，宋振亚，2012．全球海洋碳循环三维数值模拟研究［J］．海洋学报，3（34）：19-26．

常亚青，丁君，宋坚，等，2004．海参、海胆生物学研究与养殖［M］．北京：海洋出版社．

常亚青，王子臣，王国江，1999．温度和藻类饵料对虾夷马粪海胆摄食及生长的影响［J］．水产学报，23（1）：69-76．

崔东遥，任丽媛，邢冬飞，等，2019．中间球海胆乳酸脱氢酶基因克隆及其对海水酸化的响应［J］．水产学报，2012．43（6）：1423-1437．

丁兆坤，李虹辉，许友卿，2012．海水酸化对海洋生物呼吸代谢的影响及机制［J］．饲料工业，33（20）：15-17．

高绪生，孙勉英，胡庆明，等，1993．温度对光棘球海胆不同发育阶段的影响［J］．海洋与湖沼，（6）：634-640．

耿慧君，周遵春，董颖，等，2009．海胆主要卵黄蛋白研究进展［J］．生物技术通报，3：29-32．

国家海洋局．海洋环境状况［EB/OL］．（2012-06-29）．www.nmdis.org.cn/c/2013-04-01/56988.shtml．

何盛毅，林传旭，何毛贤，等，2011．海洋酸化对马氏珠母贝胚胎和早期幼虫发育的影响［J］．生态学杂志，30（4）：747-751．

胡婉彬，段立柱，常亚青，等，2015．海洋生物对海洋环境限制因子变化的响应［J］．河北渔业，（11）：71-77．

胡婉彬，2017．马粪海胆浮游幼体对海水酸化响应的转录组学研究［D］．大连：大连海洋大学．

黄显雅，2014．海洋酸化对中间球海胆（*Strongylocentrotus intermedius*）浮游幼体发育的影响［D］．大连：大连海洋大学．

李世顺，吕德亮，李敏，2018．干露对中间球海胆抗氧化酶活性和免疫基因表达的影响：2018 年中国水产学会学术年会论文摘要集 [C/OL].https://cpfd.cnki.com.cn/Area/CPFDCONFArticleList-OGSB201811001-1.htm.

李霞，王斌，刘静，等，2003．虾夷马粪海胆体腔细胞的类型及功能［J］．中国水产科学，10（5）：381-385．

李莹莹，崔东遥，常亚青，等，2019．光棘球海胆（*Mesocentrotus nudus*）*TGF-β* 基因克隆及其对海水酸化的响应［J］．生物技术通报，35（2）：116-128．

李莹莹，2019．海水酸化对光棘球海胆（*Mesocentrotus nudus*）*TGF-β* 通路的关键基因表达模式和规律的影响［D］．大连：大连海洋大学．

栾学泉，苏忠亮，2015．海洋藻类对海洋酸化响应的研究进展［J］．山东化工，（15）：80-81．

牛海玲，王晓慧，王婷，等，2016．大连紫海胆棘壳色素的体外抗炎和免疫调节作用［J］．中国食品学报，16（2）：44-48．

农业部渔业渔政管理局，2008．2008 中国渔业统计年鉴［M］．北京：中国农业出版社．

农业部渔业渔政管理局，2009．2009 中国渔业统计年鉴［M］．北京：中国农业出版社．

农业部渔业渔政管理局，2010．2010 中国渔业统计年鉴［M］．北京：中国农业出版社．
农业部渔业渔政管理局，2011．2011 中国渔业统计年鉴［M］．北京：中国农业出版社．
农业部渔业渔政管理局，2012．2012 中国渔业统计年鉴［M］．北京：中国农业出版社．
农业部渔业渔政管理局，2013．2013 中国渔业统计年鉴［M］．北京：中国农业出版社．
农业部渔业渔政管理局，2014．2014 中国渔业统计年鉴［M］．北京：中国农业出版社．
农业部渔业渔政管理局，2015．2015 中国渔业统计年鉴［M］．北京：中国农业出版社．
农业部渔业渔政管理局，2016．2016 中国渔业统计年鉴［M］．北京：中国农业出版社．
农业部渔业渔政管理局，2017．2017 中国渔业统计年鉴［M］．北京：中国农业出版社．
农业部渔业渔政管理局，2018．2018 中国渔业统计年鉴［M］．北京：中国农业出版社．
农业部渔业渔政管理局，2019．2019 中国渔业统计年鉴［M］．北京：中国农业出版社．
秦艳杰，孙博林，李霞，等，2012．饥饿对中间球海胆 *MYP* 基因转录表达的影响［J］．生态学报，32(6)：1755-1761．
曲亮，卢羽洁，杨晓龙，等，2018．海水酸化对刺参碳、氮收支的影响［J］．海洋环境科学，37(2)：233-238．
尚胜男，李开全，柳林，等，2018．棘皮动物结合素研究进展［J］．大连海洋大学学报，33(1)：114-122．
尚胜男，2018．中间球海胆 *bindin*、*EBR1* 基因克隆及温度和 pH 对两者表达的影响［D］．大连：大连海洋大学．
沈妍，常亚青，刘平晋，等，2012．虾夷马粪海胆 F2 代群体体尺、性腺性状及营养成分的分析［J］．农学学报，2(8)：60-67．
王波，2002．光棘球海胆和中间球海胆早期发育的形态差异［J］．齐鲁渔业，(9)：3-3．
王波，1993．光棘球海胆育苗技术［J］．海洋科学进展，(4)：13-14．
韦兴平，石峰，樊景凤，等，2011．气候变化对海洋生物及生态系统的影响［J］．海洋科学进展，29(2)：241-252．
魏利平，张榭令，王淑芳，1997．马粪海胆人工育苗技术研究［J］．海洋科学，(5)：20-23．
吴克勤，徐志道，2011．发展海洋经济面临的世界性难题［J］．群言，11：12-14．
徐华，王云鹏，杨德孟，等，2018．两种海胆性腺营养成分分析及评价［J］．营养学报，40 (3)：105-107．
徐永福，2007．海洋碳循环与海洋生态系统动力学［J］．海洋环境科学，26(5)：495-500．
薛亮，张龙军，2011．北黄海夏季 pCO_2 分布及海—气 CO_2 通量［J］．中国海洋大学学报，41(12)：22-29．
杨林林，2015．海洋酸化导致虾类生理发生变化［J］．渔业信息与战略，30(4)：306-307．
杨林林，2015．海洋酸化给北极甲壳类和鱼类带来风险［J］．渔业信息与战略，4：307．
湛垚垚，黄显雅，段立柱，2013-12-11．实验室模拟海水酸化系统：中国，ZL 201320267332.7［P］．［2020-06-28］．
张凤瀛，廖玉麟，吴宝铃，等，1964．中国动物图谱　棘皮动物［M］．北京：科学出版社．
张立胜，2017．长时间升温胁迫对中间球海胆行为、生长及子代性状的影响［D］．大连：大连海洋大学．
张明亮，邹健，方建光，等，2011．海洋酸化对栉孔扇贝钙化、呼吸以及能量代谢的影响［J］．渔业科学进展，32(4)：48-54．
张娜，尹继刚，孙高超，等，2009．真核生物转录因子及其研究方法进展［J］．动物医学进展，30(1)：75-79．

张颖，2014．虾夷马粪海胆体腔液免疫因子及吞噬细胞活性的研究［D］．大连：大连海洋大学．

张远辉，陈立奇，2006．南沙珊瑚礁对大气 CO_2 含量上升的响应［J］．台湾海峡，25(1)：68-76．

周洁，余克服，施祺，2014．pCO_2 增加引起的海洋酸化对造礁珊瑚光合效率的影响［J］．海洋与湖沼，45(1)：39-50．

邹惠冬，白莉，刘圣美，等，2018．虾夷马粪海胆 *LRCH2-Like* 基因的克隆与表达特征分析［J］．海洋科学前沿，5(2)：18-28．

Albright R, Bland C, Gillette P, et al., 2012. Juvenile growth of the tropical sea urchin *Lytechinus variegatus* exposed to near-future ocean acidification scenarios [J]. Journal of Experimental Marine Biology and Ecology, 426-427 (3): 12-17.

Audic S, Claverie JM, 1997. The significance of digital gene expression profiles [J]. Genome Res, 7 (10): 986-995.

Baroiller JF, D'Cotta H, Saillant E, 2009. Environmental effects on fish sex determination and differentiation [J]. Sexual Development, 3 (2-3): 118-135.

Birch EL, 2014. Climate change [J]. Journal of the American Planning Association, 80 (2): 184-185.

Branch TA, Dejoseph BM, Ray LJ, et al., 2013. Impacts of ocean acidification on marine seafood [J]. Trends Ecol. Evol., 28 (3): 178-186.

Brandt U, 2006. Energy converting NADH: quinone oxidoreductase (complex I) [J]. Annu. Rev. Biochem., 75: 69-92.

Brennand HS, Soars N, Dworjanyn SA, et al., 2010. Impact of ocean warming and ocean acidification on larval development and calcification in the sea urchin *Tripneustes gratilla* [J]. Plos One, 5 (6): e11372.

Byrne M, Foo S, Soars NA, et al., 2013. Ocean warming will mitigate the effects of acidification on calcifying sea urchin larvae (*Heliocidaris tuberculata*) from the Australian global warming hot spot [J]. J. Exp. Mar. Biol. Ecol., 448 (Complete): 250-257.

Byrne M, Ho M, Selvakumaraswamy P, et al., 2009. Temperature, but not pH, compromises sea urchin fertilization and early development under near-future climate change scenarios [J]. Proc. Biol. Sci., 276 (1663): 1883-1888.

Caldeira K, Wickett ME, 2003. Oceanography: Anthropogenic carbon and ocean pH [J]. Nature, 425 (6956): 365.

Cao R, Wang Q, Yang D, et al., 2018. CO_2-induced ocean acidification impairs the immune function of the Pacific oyster against *Vibrio splendidus* challenge: An integrated study from a cellular and proteomic perspective [J]. Science of the Total Environment, 625: 1574-1583.

Catarino AI, Ridder CD, Gonzalez M, et al., 2011. Sea urchin *Arbacia dufresnei* (Blainville 1825) larvae response to ocean acidification [J]. Polar Biol. DOI: 10. 1007/s00300-011-1074-2.

Challener RC, Watts SA, Mcclintock JB, 2014. Effects of hypercapnia on aspects of feeding, nutrition, and growth in the edible sea urchin *Lytechinus variegatus* held in culture [J]. Marine Behaviour and Physiology, 47 (1): 41-62.

Chan KYK, Grünbaum D, O'Donnell MJ, 2011. Effects of ocean-acidification induced morphological changes on larval swimming and feeding [J]. J. Exp. Biol., 214: 3857-3867.

Chang NS, 2002. Transforming growth factor-beta1 blocks the enhancement of tumor necrosis factor cytotoxicity by hyaluronidase Hyal-2 in L929 fibroblasts [J]. BMC Cell Biol., 3 (1): 1-9.

Checkley DM, Dickson AG, Takahashi M, et al., 2009. Elevated CO_2 enhances otolith growth in young fish [J]. Science, 324 (5935): 1683.

Chen WY, Lin HC, 2018. Probabilistic risk assessment of the effect of acidified seawater on development stages of sea urchin (*Strongylocentrotus droebachiensis*) [J]. Environ. Sci. Pollut. R., 25 (13): 12947-12956.

Clark D, Lamare M, Barker M, 2009. Response of sea urchin pluteus larvae (Echinodermata: Echinoidea) to reduced seawater pH: a comparison among a tropical, temperate, and a polar species [J]. Mar. Biol., 156: 1125-1137.

Clay TW, Grünbaum D, 2011. Swimming performance as a constraint on larval morphology in plutei [J]. Mar. Ecol. Prog. Ser., 423: 185-196.

Collard M, Eeckhaut I, Dehairs F, et al., 2014. Acid-base physiology response to ocean acidification of two ecologically and economically important holothuroids from contrasting habitats, *Holothuria scabra* and *Holothuria parva* [J]. Environ. Sci. Pollut. Res. Int., 21 (23): 13602-13614.

Collard M, Laitat K, Moulin L, et al., 2013. Buffer capacity of the coelomic fluid in echinoderms [J]. Comparative Biochemistry and Physiology Part A: Molecular & Integrative Physiology, 166 (1): 199-206.

Connell SD, Doubleday ZA, Hamlyn SB, et al., 2017. How ocean acidification can benefit calcifiers [J]. Curr. Biol., 27 (3): R95-R96.

Cooley SR, Doney SC, 2009. Anticipating ocean acidification's economic consequences for commercial fisheries [J]. Environmental Research Letters, 4: 024007.

Courtney T, Westfield I, Ries JB, 2013. CO_2-induced ocean acidification impairs calcification in the tropical urchin *Echinometra viridis* [J]. Journal of Experimental Marine Biology and Ecology, 440 (2): 169-175.

Cyronak T, Schulz KG, Jokiel PL, 2016. The Omega myth: what really drives lower calcification rates in an acidifying ocean [J]. ICES J. Mar. Sci., 73 (3): 558-562.

Dickson AG, 2011. The carbon dioxide system in seawater: equilibrium chemistry and measurements：Guide to best practices for ocean acidification research and data reporting[C]. Luxembourg: Publications Office of the European Union.

Dilly GF, Gaitán-Espitia JD, Hofmann GE, 2015. Characterization of the Antarctic sea urchin (Sterechinus neumayeri) transcriptome and mitogenome: a molecular resource for phylogenetics, ecophysiology and global change biology[J]. Molecular Ecology Resources, 15(2): 425-436.

Dodd LF, Grabowski JH, Piehler MF, et al., 2015. Ocean acidification impairs crab foraging behaviour [J]. Proc. Biol. Sci., 282 (1810): 20150333.

Doney S, 2009. The consequences of human-driven ocean acidification for marine life [J]. F1000 Biol. Rep., 1: 36.

Dorey N, Maboloc E, Chan K YK, 2018. Development of the sea urchin *Heliocidaris crassispina* from Hong Kong is robust to ocean acidification and copper contamination [J]. Aquat. Toxicol., 205: 1-10.

Dorey N, 2018. Starfish larvae lose substantial energy to maintain digestion under ocean acidification conditions [J]. Acta Physiol (Oxf), 224 (2): e13169.

Dupont S, Dorey N, Stumpp M, 2012. et al. Long-term and trans-life-cycle effects of exposure to ocean acidification in the green sea urchin *S. Droebachiensis* [J]. Marine Biology, 160 (8): 1835-1843.

Estefanía P, Bellas J, 2009. Cryopreservation of sea urchin embryos [J]. Cryobiology, 59 (3): 344-350.

Evans TG, Chan F, Menge BA, et al., 2013. Transcriptomic responses to ocean acidification in larval sea urchins from a naturally variable pH environment [J]. Mol. Ecol. . DOI: 10. 1111/mec. 12188.

Evans TG, Pespeni MH, Hofmann G, et al., 2017. Transcriptomic responses to seawater acidification among sea urchin populations inhabiting a natural pH mosaic [J]. Mol. Ecol., 26 (8): 2257-2275.

Feely RA, Sabine CL, Lee K, et al., 2004. Impact of anthropogenic CO_2 on the $CaCO_3$ system in the oceans [J]. Science, 305 (5682): 362-366.

Figueiredo DAL, Branco PC, Santos DAD, et al., 2016. Ocean acidification affects parameters of immune response and extracellular pH in tropical sea urchins *Lytechinus variegatus* and *Echinometra luccunter* [J]. Aquatic Toxicology, 180: 84-94.

Gaitán-Espitia JD, Sánchez R, Bruning P, et al., 2016. Functional insights into the testis transcriptome of the edible sea urchin *Loxechinus albus*[J]. Scientific Reports, 6: 36516.

Gianguzza P, Visconti G, Gianguzza F, et al., 2014. Temperature modulates the response of the thermophilous sea urchin *Arbacia lixula* early life stages to CO_2-driven acidification [J]. Mar. Environ. Res., 93: 70-77.

Gonzalez-Bernat MJ, Lamare M, Uthicke S, et al., 2012. Fertilisation, embryogenesis and larval development in the tropical intertidal sand dollar *Arachnoides placenta* in response to reduced seawater pH [J]. Mar. Biol., 160 (8): 1927-1941.

Grzelczyk A, Gendaszewska-Darmach E, 2013. Novel bioactive glycerol-based lysophospholipids: New data–New insight into their function [J]. Biochimie, 95 (4): 667-679.

Guo X, Ford S, Zhang F, 1999. Molluscan aquaculture in China [J]. Journal of Shellfish Research, 18: 19-31.

Havenhand JN, Buttler FR, Thorndyke MC, et al., 2008. Near-future levels of ocean acidification reduce fertilization success in a sea urchin [J]. Current Biology, 18 (15): 651-652.

Hernroth B, Sköld HN, Wiklander K, et al., 2012. Simulated climate change causes immune suppression and protein damage in the crustacean Nephrops norvegicus [J]. Fish and Shellfish Immunol, 33 (5): 1095-10101.

Hervé V, Derr J, Douady S, et al., 2012. Multiparametric analyses reveal the pH-dependence of silicon biomineralization in diatoms [J]. PLoS One, 7 (10): e46722.

Heuer RM, Esbaugh AJ, Grosell M, 2012. Ocean acidification leads to counterproductive intestinal base loss in the gulf toadfish (*Opsanus beta*) [J]. Physiological and Biochemical Zoology, 85 (5): 450-459.

Hoegh-Guldberg O, Mumby PJ, Hooten AJ, et al., 2007. Coral reefs under rapid climate change and ocean acidification [J]. Science, 318 (5857): 1737-1742.

Hu MY, Casties I, Stumpp M, et al., 2014. Energy metabolism and regeneration are impaired by seawater acidification in the infaunal brittlestar *Amphiura filiformis* [J]. Journal of Experimental Biology, 217: 2411-2421.

Hu MY, Lein E, Bleich M, et al., 2018. Trans-life cycle acclimation to experimental ocean acidification affects gastric pH homeostasis and larval recruitment in the sea star *Asterias rubens* [J]. Acta Physiol (Oxf), 224 (2): e13075.

Hu MY, Michael K, Kreiss CM, et al., 2016. Temperature modulates the effects of ocean acidification on intestinal ion transport in Atlantic cod, *Gadus morhua* [J]. Front Physiol, 7: 198.

IPCC, 2013. The Fifth Assessment Report of the Intergovernmental Panel on Climate Change (IPCC) [M]. Cambridge: Cambridge University Press.

IPCC, 2007. The Fourth Assessment Report of the Intergovernmental Panel on Climate Change (IPCC) [M]. Cambridge: Cambridge University Press.

Kamya PZ, Byrne M, Mos B, et al., 2017. Indirect effects of ocean acidification drive feeding and growth of juvenile crown-of-thorns starfish, *Acanthaster planci* [J]. Proc. Biol. Sci., 284 (1856): 20170778.

Kapsenberg L, Cyronak T, 2019. Ocean acidification refugia in variable environments [J]. Glob. Chang. Biol., 25 (10): 3201-3214.

Kirwan JD, Bok MJ, Smolka J, et al., 2012. Further investigations into the genotoxicity of 2, 6-xylidine and one of its key metabolites [J]. Regul. Toxicol. Pharm., 221 (14): jeb176271.

Klein TW, Newton C, Friedman H, 1987. Inhibition of natural killer cell function by marijuana components [J]. J. Toxicol. Environ. Health., 20 (4): 321-332.

Kobets T, Duan JD, Brunnemann KD, et al., 2019. DNA-damaging activities of twenty-four structurally diverse unsubstituted and substituted cyclic compounds in embryo-fetal chicken livers [J]. Mutat. Res., 844: 10-24.

Kurihara H, Shimode S, Shirayama Y, 2004. Sub-lethal effects of elevated concentration of CO_2 on planktonic copepods and sea urchins [J]. Oceanography, 60: 743-750.

Kurihara H, Shirayama Y, 2004. Effects of increased atmospheric CO_2 on sea urchin early development [J]. Mar. Ecol. Prog. Ser., 274: 161-169.

Kurihara H, Yin R, Nishihara G, et al., 2013. Effect of ocean acidification on growth, gonad development and physiology of the sea urchin *Hemicentrotus pulcherrimus* [J]. Aquatic Biology, 18 (3): 281-292.

Lamare MD, Barker MF, 1999. In situ estimates of larval development and mortality in the New Zealand sea urchin *Evechinus chloroticus* (Echinodermata: Echinoidea) [J]. Mar. Ecol. Prog. Ser., 180: 197-211.

Lamare MD, Liddy M, Uthicke S, 2016. In situ developmental responses of tropical sea urchin larvae to ocean acidification conditions at naturally elevated pCO_2 vent sites [J]. Proc. Biol. Sci., 283 (1843): 20161506.

Lane AN, Fan TW, 2015. Regulation of mammalian nucleotide metabolism and biosynthesis [J]. Nucleic. Acids. Res., 43 (4): 2466-2485.

Lannig G, Eilers S, Pörtner HO, et al., 2010. Impact of ocean acidification on energy metabolism of oyster, *Crassostrea gigas*—changes in metabolic pathways and thermal response [J]. Mar Drugs, 8 (8): 2318-2339.

Lawrence JM, 2001. Edible Sea urchins: biology and ecology [M]. USA: University of South Florida.

Leung JYS, Russell BD, Connell SD, 2020. Linking energy budget to physiological adaptation: How a calcifying gastropod adjusts or succumbs to ocean acidification and warming [J]. Science of the Total Environ, 715: 136939.

Madin JS, Hughes TP, Connolly SR, 2012. Calcification, storm damage and population resilience of tabular corals under climate change [J]. PLoS ONE, 7 (10): e46637.

Mann K, Wilt FH, Poustka AJ, 2010. Research proteomic analysis of sea urchin (*Strongylocentrotus purpuratus*) spicule matrix [J]. Proteome. Sci., 8: 33.

Matson PG, Yu PC, Sewell MA, et al., 2012. Development under elevated pCO_2 conditions does not affect lipid utilization and protein content in early life-history stages of the purple sea urchin, *Strongylocentrotus purpuratus* [J]. Biol Bull, 223 (3): 312-327.

Michaelidis B, Ouzounis C, Paleras A, et al., 2005. Effects of long-term moderate hypercapnia on acid-base balance and growth rate in marine mussels *Mytilus galloprovincialis* [J]. Marine ecology progress series, 293:

109-118.

Mos B, Byrne M, Dworjanyn SA, 2016. Biogenic acidification reduces sea urchin gonad growth and increases susceptibility of aquaculture to ocean acidification [J]. Marine Environmental Research, 113 (FEB.): 39-48.

Munday PL, Dixson DL, Donelson JM, et al., 2009. Ocean acidification impairs olfactory discrimination and homing ability of a marine fish [J]. Proc. Natl. Acad. Sci. USA, 10(6): 1848-1852.

Onitsuka T, Niwa K, Unuma T, et al., 2015. Dietary shifts in the juvenile sea urchin *S. intermedius* associated with the development of digestive enzymes [J]. Marine Biology, 162 (4): 869-880.

Orr JC, Fabry VJ, Aumont O, et al., 2005. Anthropogenic ocean acidification over the twenty-first century and its impact on calcifying organisms [J]. Nature, 437 (7059): 681-686.

Pannella G, 1971. Fish otoliths：Daily growth layers and periodical patterns [J]. Science, 173(4002): 1124-1127.

Patilea-Vrana GI, Anoshchenko O, Unadkat JD, 2018. Hepatic enzymes relevant to the disposition of (-)-Δ9-tetrahydrocannabinol (THC) and its psychoactive metabolite, 11-OH-THC, Drug [J]. Metab. Dispos., 47 (3): 249-256.

Pimentel MS, Faleiro F, Diniz M, et al., 2015. Oxidative stress and digestive enzymeactivity of flatfish larvae in a changing ocean [J]. PloS One, 10 (7): e0134082.

Popper AN, Lu ZM, 2000. Structure-function relationships in fish otolith organs [J]. Fish Res., 46 (1): 15-25.

Riegl B, Bruckner A, Coles SL, et al., 2009. Coral reefs: threats and conservation in an era of global change [J]. Ann. NY. Acad. Sci., 1162: 136-186.

Rosa R, Seibel BA, 2008. Synergistic effects of climate-related variables suggest future physiological impairment in a top oceanic predator [J]. Proceedings of The National Academy of Sciences of The United States of America, 105 (52): 20776-20780.

Saba GK, Schofield O, Torres JJ, et al., 2012. Increased feeding and nutrient excretion of adult Antarctic krill, *Euphausia superba*, exposed to enhanced carbon dioxide (CO_2) [J]. PLoS One, 7 (12): e52224.

Sabine CL, Feely RA, Gruber N, et al., 2004. The oceanic sink for anthropogenic CO_2 [J]. Science, 305 (5682): 367-371.

Shefer G, Benayahu D, 2010. SVEP1 is a novel marker of activated pre-determined skeletal muscle satellite cells [J]. Stem. Cell. Rev., 6 (1): 42-49.

Siikavuopio SI, Mortensen A, Dale T, et al., 2007. Effects of carbon dioxide exposure on feed intake and gonad growth in green sea urchin, *Strongylocentrotus droebachiensis* [J]. Aquaculture, 266: 97-101.

Silverman J, Lazar B, Cao L, et al., 2009. Coral reefs may start dissolving when atmospheric CO_2 doubles [J]. Geophysical Research Letters, 36 (5): L05606.

Steinacher M, Joos F, Frölicher TL, et al., 2009. Imminent ocean acidification in the Arctic projected with the NCAR global coupled carbon cycle-climate model [J]. Biogeosciences Discussions, 6 (4): 515-533.

Strobel A, Bennecke S, Leo E, et al., 2012. Metabolic shifts in the Antarctic fish *Notothenia rossii* in response to rising temperature and pCO_2 [J]. Front Zool, 9 (1): 28.

Stumpp M, Dupont S, Thorndyke MC, et al., 2011. CO_2 induced seawater acidification impacts sea urchin larval development II: Gene expression patterns in pluteus larvae [J]. Comparative Biochemistry and Physiology Part A: Molecular & Integrative Physiology, 160 (3): 320-330.

Stumpp M, Hu M, Casties I, et al., 2013. Digestion in sea urchin larvae impaired under ocean acidification [J].

Nature Climate Change, 3 (12): 1044-1049.

Stumpp M, Hu MY, Melzner F, et al., 2012. Acidified seawater impacts sea urchin larvae pH regulatory systems relevant for calcification [J]. Proc. Natl. Acad. Sci. USA, 109 (44): 18192-18197.

Stumpp M, Hu MY, Tseng YC, et al., 2015. Evolution of extreme stomach pH in bilateria inferred from gastric alkalization mechanisms in basal deuterostomes [J]. Sci. Rep., 5: 10421.

Stumpp M, Trübenbach K, Brennecke D, et al., 2012. Resource allocation and extracellular acid-base status in the sea urchin *S. droebachiensis* in response to CO_2 induced seawater acidification [J]. Aquatic Toxicology, 110-111 (4): 194-207.

Sunday JM, Crim RN, Harley CD, et al., 2011. Quantifying rates of evolutionary adaptation in response to ocean acidification [J]. PLoS One, 6 (8): e22881.

Talmage SC, Gobler CJ, 2010. Effects of past, present, and future ocean carbon dioxide concentrations on the growth and survival of larval shellfish [J]. Proceedings of the National Academy of ences of the United States of America, 107 (40): 17246-17251.

Tasi YC, Chao HCA, Chung CL, et al., 2013. Characterization of 3-hydroxyisobutyrate dehydrogenase, HIBADH, as a sperm-motility marker [J]. J. Reprod. Genet., 30 (4): 505-512.

Todgham AE, Hofmann GE, 2009. Transcriptomic response of sea urchin larvae *Strongylocentrotus purpuratus* to CO_2-driven seawater acidification [J]. Exp. Biol., 212 (Pt16): 2579-2594.

Tydén E, Tjälve H, Larsson P, 2004. Metabolic activation of 2, 6-xylidine in the nasal olfactory mucosa and the mucosa of the upper alimentary and respiratory tracts in rats [J]. Toxicol. Sci., 81 (2): 263-272.

Uthicke S, Liddy M, Nguyen HD, et al., 2014. Interactive effects of near-future temperature increase and ocean acidification on physiology and gonad development in adult Pacific sea urchin, *Echinometrasp. A* [J]. Coral Reefs, 33 (3): 831-845.

Uthicke S, Schaffelke B, Byrne MA, 2009. A boom-bust phylum? Ecological and evolutionary consequences of density variations in echinoderms [J]. Ecol. Monogr., 79: 3-24.

Uthicke S, Soars N, Foo S, et al., 2013. Effects of elevated pCO_2 and the effect of parent acclimation on development in the tropical Pacific sea urchin *Echinometra mathaei* [J]. Mar. Biol, 160 (8): 1913-1926.

Vacquier VD, Moy GW, 1977. Isolation of bindin: the protein responsible for adhesion of sperm to sea urchin eggs [J]. P. Natl. Acad. Sci. USA, 74 (6): 2456-2460.

Van Colen C, Debusschere E, Braeckman U, et al., 2012. The early life history of the clam *Macoma balthica* in a high CO_2 world [J]. PLoS One, 7 (9): e44655.

Venn AA, Tambutté E, Holcomb M, et al., 2013. Impact of seawater acidification on pH at the tissue-skeleton interface and calcification in reef corals [J]. Proc. Natl. Acad. Sci. USA, 110 (5): 1634-1639.

Wang GN, Yagi M, Yin R, et al., 2013. Effects of elevated seawater CO_2 on feed intake, oxygen consumption and morphology of aristotle's lantern in the sea urchin *Anthocidaris crassispina* [J]. Journal of Marine Science and Technology, 21 (12): 192-200.

Wisshak M, Schönberg CH, Form A, et al., 2012. Ocean acidification accelerates reef bioerosion [J]. PLoS One, 7 (9): e45124.

Wootton JT, Pfister CA, Forester JD, 2008. Dynamic patterns and ecological impacts of declining ocean pH in a high-resolution multi-year dataset [J]. Proceedings of the National Academy of Sciences of the United States of

America, 105 (48): 18848-18853.

Yuan X, McCoy SJ, Du Y, et al., 2018. Physiological and behavioral plasticity of the sea cucumber *Holothuria forskali* (Echinodermata, Holothuroidea) to acidified seawater [J]. Front Physiol, 9: 1339.

Yuan X, Shao S, Dupont S, et al., 2015. Impact of CO_2-driven acidification on the development of the sea cucumber *Apostichopus japonicus* (Selenka) (Echinodermata: Holothuroidea) [J]. Mar. Pollut. Bull., 95 (1): 195-199.

Yuan X, Shao S, Yang X, et al., 2016. Bioenergetic trade-offs in the sea cucumber *Apostichopus japonicus* (Echinodermata: Holothuroidea) in response to CO_2-driven ocean acidification [J]. Environ Sci. Pollut. Res. Int., 23 (9): 8453-8461.

Zhan YY, Cui DY, Xing DF, et al., 2020. CO_2-driven ocean acidification repressed the growth of adult sea urchin *S. intermedius* by impairing intestine function [J]. Marine Pollution Bulletin, 153.

Zhan YY, Hu WB, Duan LZ, et al., 2016. Effects of seawater acidification on early development of the sea urchin *Hemicentrotus pulcherrimus* [J]. Aquacul. Int., 25 (2): 655-678.

Zhan YY, Hu WB, Duan, LZ, et al., 2018. Effects of seawater acidification on the early development of sea urchin *Glyptocidaris crenularis* [J]. Chinese Journal of Oceanology and Limnology, 36 (6): 1442-1454.

Zhan YY, Hu WB, Zhang WJ, et al., 2016. The impact of CO_2-driven ocean acidification on early development and calcification in the sea urchin *Strongylocentrotus intermedius* [J]. Mar. Pollut. Bull., 112 (1-2): 291-302.

Zhan YY, Li JX, Sun JX, et al., 2019. The Impact of chronic heat stress on the growth, survival, feeding, and differential gene expression in the sea urchin *Strongylocentrotus intermedius* [J]. Front. Genet., 10: 1-10.

